西门子
Process Simulate
运动模拟仿真实战

吴科龙　编著

纪学成　审校

人民邮电出版社
北京

图书在版编目（CIP）数据

西门子Process Simulate运动模拟仿真实战 / 吴科
龙编著. -- 北京：人民邮电出版社，2022.8
ISBN 978-7-115-59305-4

Ⅰ. ①西… Ⅱ. ①吴… Ⅲ. ①数字技术－应用－机械
制造工艺 Ⅳ. ①TH16-39

中国版本图书馆CIP数据核字(2022)第088999号

内 容 提 要

本书基于实际工程案例，讲述工艺仿真的过程，从夹具到产线，再到整线运行，让读者从实际的案例中学习并掌握西门子 Tecnomatix Process Simulate 的使用方法。

本书内容包括 Process Simulate 概述，夹具、机器人的定义与机构的创建，以及机器人搬运、机床上下料、机器人焊接、点焊工作站、码垛工作站的模拟仿真。

本书的出发点是让读者拿到本书后，可以将其直接带入工程现场，边学边用。与此同时，希望读者能够在学习过程中举一反三，并且在实际工作中熟练应用。

本书主要面向中高职院校机械制造、数控技术、机器人、汽车制造等专业的学生。此外，本书也可以作为汽车、钣金冲压、机床加工、搬运、码垛、机器人等工业自动化和智能制造行业从业者提升技能的参考书。

◆ 编　　著　吴科龙
　　审　　校　纪学成
　　责任编辑　李永涛
　　责任印制　王　郁　胡　南

◆ 人民邮电出版社出版发行　　北京市丰台区成寿寺路 11 号
　　邮编　100164　　电子邮件　315@ptpress.com.cn
　　网址　https://www.ptpress.com.cn
　　北京虎彩文化传播有限公司印刷

◆ 开本：700×1000　1/16
　　印张：12.25　　　　　　　　　　2022 年 8 月第 1 版
　　字数：211 千字　　　　　　　　2022 年 8 月北京第 1 次印刷

定价：79.90 元

读者服务热线：(010)81055410　印装质量热线：(010)81055316
反盗版热线：(010)81055315
广告经营许可证：京东市监广登字 20170147 号

INTRODUCTION

前 言

2003年之前，工程师在绘图时大多数使用的是2D绘图软件，通常会使用AutoCAD在计算机上绘制二维图纸代替绘图板绘图。AutoCAD的出现解放了工程师，使工程师能将更多的时间用于研究而不是绘图。与此同时，使用AutoCAD绘图提升了图纸的精度，使得设计出来的零件更加精密。

2006年之后，随着3D绘图软件的发展，人们开始使用SolidWorks、Pro/E、UG等软件绘制3D模型。3D绘图软件使设计过程更加直观，即使无专业知识背景也能看懂零件。与此同时，CAM技术的兴起，更是让制造更加智能化、数字化。

2015年之后，随着机器人的广泛应用和智能制造的兴起，人们已不满足于静态的设计和表达，希望能在计算机上模拟实际的运行过程，使方案、设计一目了然。就在此时，国外机器人巨头ABB、KUKA等研发出离线编程软件进行模拟仿真。这些软件虽然功能强大，但机器人公司开发的软件更倾向于机器人的操作、编程，而非制造过程。

2013年，西门子Tecnomatix Process Simulate已经在汽车主机制造厂广泛使用。该软件无须进行复杂的操作就能模拟机构的运行，也无须学习机器人的编程就能让机器人实现动作。更重要的是，该软件可以直接连接虚拟PLC，实现在计算机上调试，从而减少了现场的调试时间。该软件功能强大、操作简单。目前，该软件已广泛应用于汽车制造领域，并取得了良好的效果。

从手绘图纸、CAD绘图到3D模型、模拟仿真，已经有越来越多的产品研发希望在投入生产前先进行功能的模拟及运行，使产品、方案更加直观、更有说服力。所以模拟仿真十分重要，它是今后制造业的发展方向。

本书以西门子Tecnomatix Process Simulate 16.0.1及基于实际工业现场的案例为出发点，详细讲解了基于西门子Tecnomatix Process Simulate 16.0.1的机器人搬运、机床上下料、焊接、点焊、码垛等常用工业场景的模拟仿真。

本书通过实际案例讲解工业场景的模拟仿真，所有案例均为工业制造行业的真实应用案例。读者在读完本书后，能将所学知识立即应用于真实的工业场景。

- 第1章为Process Simulate概述。
- 第2章介绍夹具、机器人的定义与机构的创建。
- 第3章介绍机器人搬运的模拟仿真。
- 第4章介绍机床上下料的模拟仿真。
- 第5章介绍机器人焊接的模拟仿真。
- 第6章介绍点焊工作站的模拟仿真。
- 第7章介绍码垛工作站的模拟仿真。

读者若在学习过程中有任何疑惑，欢迎联系rljx@163.com或加入QQ群807151615，编者会尽量帮助读者解答。

本书得以出版，得到了家人、朋友和同事的帮助和支持，在此特别感谢梁彬、高燕、梁万前、赵景峰、王少江、钟诗敏、吴进云、杨素萍、吴志武、余伟旋对本书做出的贡献。

虽然编者对本书仔细检查多遍，力求无误，但书中难免有欠妥之处，还请读者批评指正。

吴科龙

2022年3月

CONTENTS

目 录

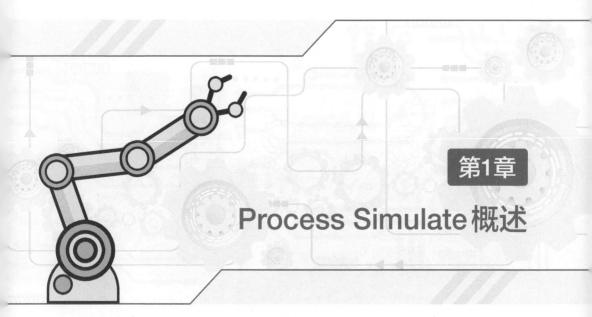

第1章

Process Simulate 概述

1.1　Process Simulate 简介

　　Tecnomatix Process Simulate 是西门子公司推出的一款工艺仿真软件，简称 Process Simulate，又称 PDPS。Process Simulate 可促进企业范围内制造过程中的信息协同与共享，以减少工作量和节约时间。Process Simulate 可在虚拟环境中进行生产试运行，以及在整个过程生命周期中模拟现实过程，从而提高过程质量。Process Simulate 可提供汽车制造的全套解决方案，主要解决汽车制造管理、白色规划问题、车身焊接生产线的模拟验证和虚拟调试。

　　本书以 Process Simulate 16.0.1 中文版为基础，讲述 Process Simulate 在工业场景下的不同应用。图 1-1 所示为该软件的启动界面。

　　软件工作界面主要分为五大区域，分别为菜单栏、对象树、操作树、序列编辑器、图形区域，如图 1-2 所示。其中，对象树用于存放导入的零件、资源、坐标等；操作树为创建的模拟仿真的命令栏；序列编辑器用于对仿真进行编辑，调整顺序，检查干涉等。

图 1-1

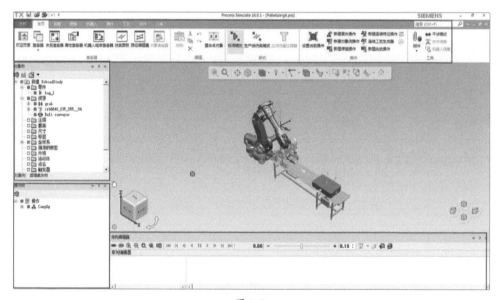

图 1-2

1.2 转换成JT格式

　　Process Simulate支持的格式为其专有的JT格式，故需要将NX、SolidWorks、Creo等第三方软件生成的3D零件的格式转换成JT格式。若是使用NX，则直接另存为JT格式即可。若是使用其他软件，则需要安装转换软件，比较常用的转换软件有

CrossManager、Deep Exploration等。本节以CrossManager为例进行零件的格式转换。

1. 打开CrossManager，在【输入格式】中选择STEP格式，在【输出格式】中选择JT格式，如图1-3所示。

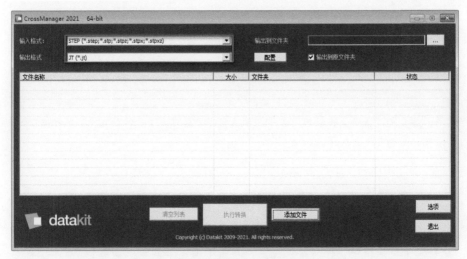

图1-3

2. 利用拖曳操作或【添加文件】按钮，添加STEP格式的文件，单击【执行转换】按钮进行格式转换，如图1-4所示。完成转换的结果如图1-5所示。

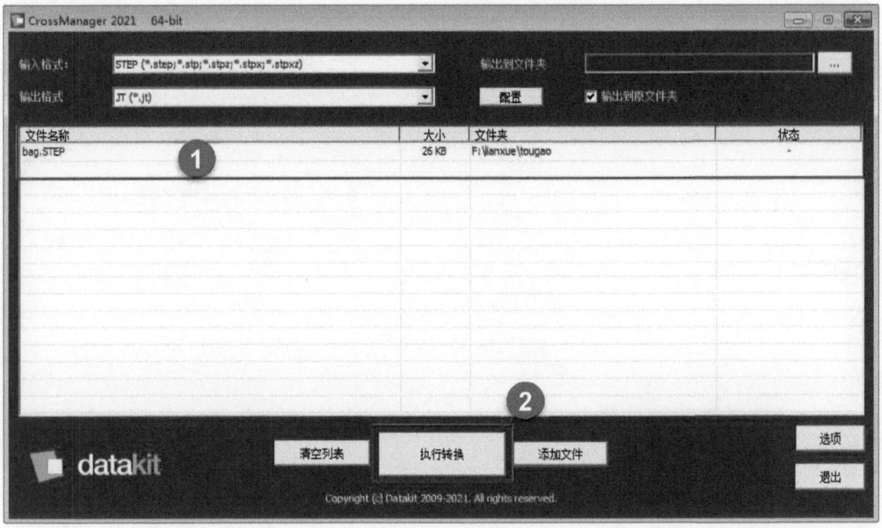

图1-4

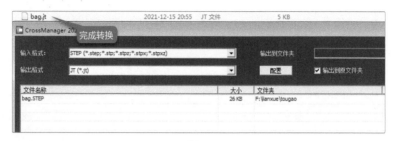

图 1-5

存放模型的文件夹不要使用中文字符命名，一个案例用到的各类文件尽量存放在一个文件夹内，避免存放混乱。

1.3 新建研究并导入零件模型

1 选择【文件】/【断开研究】/【新建研究】菜单命令，如图 1-6 所示。在弹出的【新建研究】对话框中，保持默认设置，单击【创建】按钮，如图 1-7 所示。创建新的文档并进入工作界面。

图 1-6

图 1-7

2 接下来设置客户端系统根目录。选择【文件】/【选项】菜单命令，如图 1-8 所示。在弹出的对话框中选择【断开的】选项，单击 ··· 按钮，如图 1-9 所示，找到 JT 格式的存放目录。

图 1-8

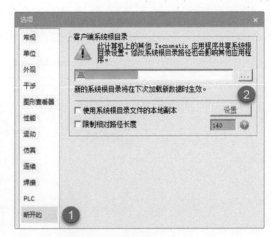

图 1-9

　　一个案例只能指定一个目录，所以需要将模型复制到目录中；保存文件时，也要将案例文件复制到对应的目录中。

3　选择【文件】/【导入/导出】/【转换并插入CAD文件】菜单命令，如图1-10所示。弹出【转换并插入CAD文件】对话框，单击【添加】按钮，在弹出的【打开】对话框中选择"bag.jt"文件，如图1-11所示。

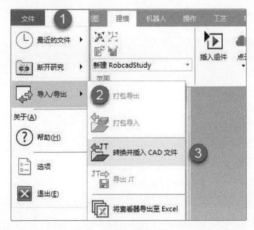

图 1-10

图 1-11

4 在弹出的【文件导入设置】对话框中,【基本类】选择"零件",【复合类】选择
"PmCompoundPart",【原型类】选择"PmPartPrototype",【选项】选择"插入组
件",如图 1-12 所示。

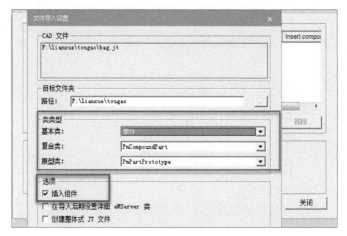

图 1-12

5 单击【确定】按钮,返回【转换并插入 CAD 文件】对话框。单击【导入】按钮,
系统对文件进行导入并弹出【CAD 文件导入进度】对话框,转换成功后单击
【关闭】按钮关闭对话框,返回工作界面,显示导入的文件,如图 1-13、图 1-14
所示。

图 1-13

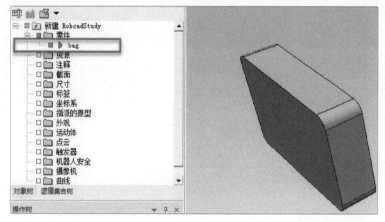

图 1-14

1.4 导入资源

1　这里导入一个输送带，按前面导入零件的步骤进行操作，选择 "Belt conveyor.jt" 文件并将其打开，如图 1-15 所示。

2　在弹出的【文件导入设置】对话框中，【基本类】选择 "资源"，【复合类】选择 "PmCompoundResource"，【原型类】选择 "Conveyer"，【选项】选择 "插入组件"，如图 1-16 所示。单击【确定】按钮完成组件的插入，成功将输送带插入对

象树，如图1-17所示。

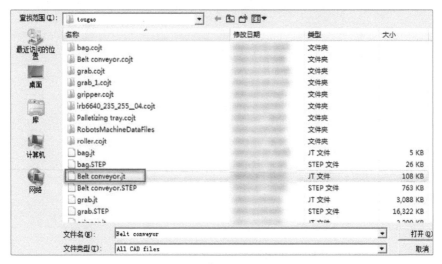

图 1-15

图 1-16

　　"零件"代表实际应用中的"产品"，而非设备本身；"资源"代表实际应用中的"设备"，如输送带、夹具、机器人等。

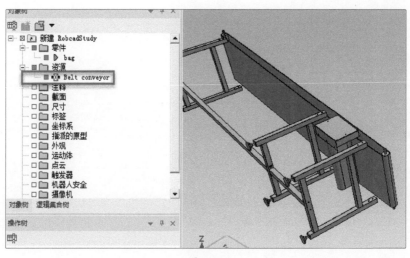

图 1-17

1.5 资源的翻译

一般情况下会用到的资源基本上都是复合工作站和夹具、弧焊枪等常用机构。

PmCompoundResource表示"复合工作站",即由多个设备组成的站点,如图1-18所示。

图 1-18

【原型类】如图1-19所示,常用的原型类英文翻译如下。

图 1-19

- Clamp：夹紧机构。

- Container：容器。

- Conveyer：输送带。

- Device：运动机构。

- Fixture：固定装置。

- Gripper：夹持器。

- Gun：焊枪。

- Human：人。

- Lightsensor：传感器。

1.6 软件的基础操作

Process Simulate 与 SolidWorks、AutoCAD 的操作方式不同，需要能够较熟练地使用鼠标，以便适应后期的操作。

鼠标滚轮向前滚动，模型放大；鼠标滚轮向后滚动，模型缩小，如图 1-20 所示。

按住鼠标滚轮并左、右、上、下移动，可对模型进行360°旋转操作，如图 1-21所示。

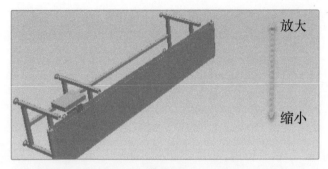

图 1-20

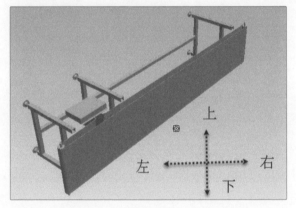

图 1-21

常用功能的操作如图 1-22 所示。

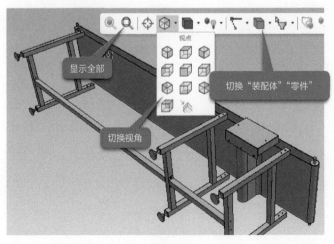

图 1-22

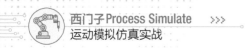

在建模过程中，会多次用到显示全图、切换视角、切换"装配体""零件"等操作，这些操作可以提高工作效率。

1.7 模型的移动、旋转与坐标的建立

1 图1-23所示的蓝色块表示显示模型，蓝色框表示隐藏模型。

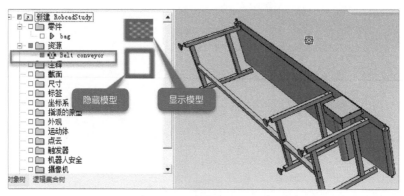

图1-23

2 右击【资源】下的【Belt conveyor】，选择【放置操控器】命令，如图1-24所示。在【平移】下单击【X】【Y】【Z】按钮可移动模型，如图1-25所示。当要旋转模型时，可单击【旋转】下的【Rx】【Ry】【Rz】按钮，如图1-26所示。

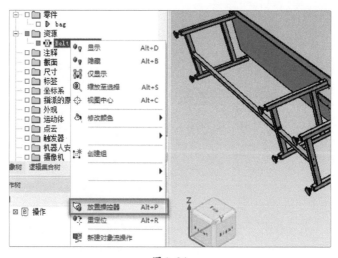

图1-24

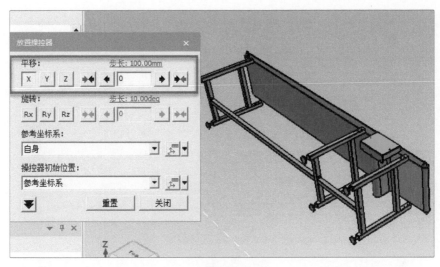

图 1-25

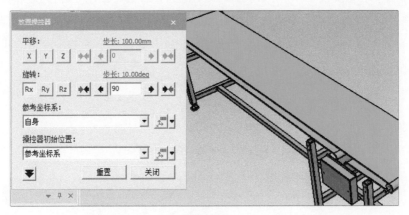

图 1-26

3 坐标在模拟中十分重要，故掌握坐标的创建方法十分重要。软件中有4个菜单命令用于创建坐标，分别为【通过6个值创建坐标系】【通过3点创建坐标系】【在圆心创建坐标系】【在2点之间创建坐标系】菜单命令。一般多用【在2点之间创建坐标系】和【在圆心创建坐标系】菜单命令，这里以【在2点之间创建坐标系】菜单命令为例讲解坐标的创建方法，选择【创建坐标系】/【在2点之间创建坐标系】菜单命令，如图1-27所示。

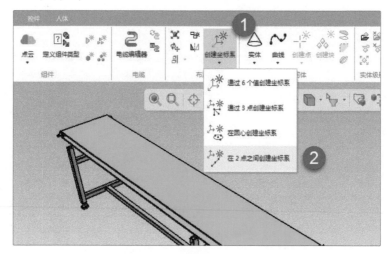

图 1-27

4 当鼠标指针靠近模型时，系统会自动进行捕捉，当鼠标指针变成◇时，按图 1-28、图 1-29 所示的步骤，分别选中皮带左右两边的中点，然后单击【确定】按钮创建坐标。当创建坐标后，会在【对象树】的【坐标系】下面生成【fr1】坐标，如图 1-30 所示。

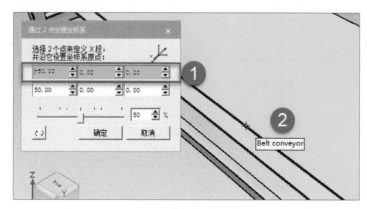

图 1-28

5 图 1-30 所示为系统默认生成的方向，与系统的坐标方向不符，右击【fr1】坐标并选择【放置操控器】命令，利用【平移】【旋转】等命令将两个方向调整为一致，如图 1-31 所示。

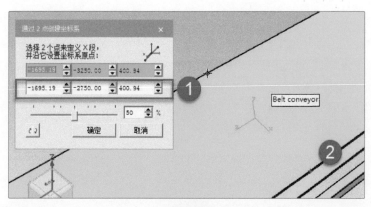

图 1-29

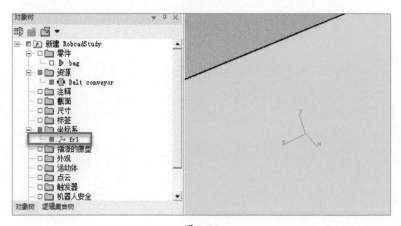

图 1-30

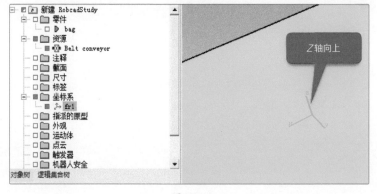

图 1-31

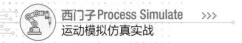

提示

　　零件的平移、旋转操作十分重要，后续步骤中不再介绍零件的平移、旋转操作；若是4轴机器人平移工件，则工件的坐标与系统保持一致；若是6轴机器人多角度工件，则以工件最终状态的方向（如Z轴朝左等）为准；本章内容读者必须掌握，后面将不再介绍软件的基础操作。

第2章

夹具、机器人的定义与机构的创建

2.1 码垛抓取夹具的定义

码垛抓取夹具为常见工具，广泛应用在袋装产品的码垛上，该工具具备结构简单、造价便宜、稳定可靠的优势。通常将其应用于大米、面粉、水泥等包装物。目前机器人在袋装码垛广泛应用，夹具虽然会有所不同，但结构基本一致。

1 按第1章所介绍的导入资源的方式，将【gripper】模型导入，如图2-1所示，【文件导入设置】对话框中的设置如图2-2所示。

图2-1

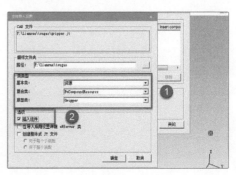

图2-2

选中【gripper】零件，单击工具栏中的【设置建模范围】按钮 ，如图2-3所示。系统会弹出对话框，单击【确定】按钮进入编辑界面，如图2-4所示，单击【+】会展开模型，可以看到里面的不同特征。

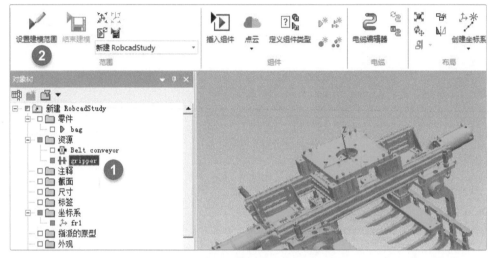

图 2-3

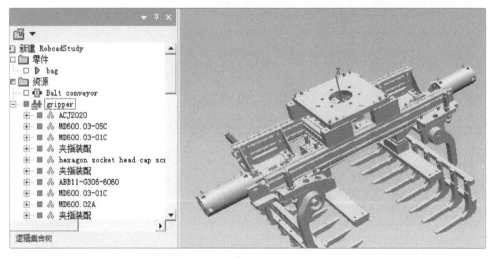

图 2-4

③ 选中【对象树】中的【gripper】模型，这时模型处于高亮状态，然后单击右上角的【运动学设备】按钮 ，在弹出的菜单中选择【运动学编辑器】命令 ，如图2-5所示。系统弹出【运动学编辑器】对话框，如图2-6所示。

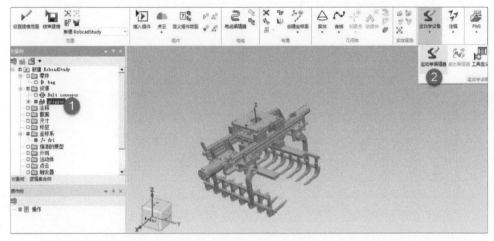

图 2-5

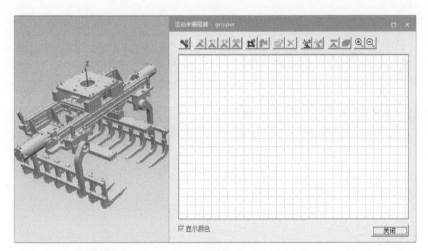

图 2-6

④ 单击【创建连杆】按钮 ，弹出【连接属性】对话框，如图2-7所示，单击【确定】按钮。以此方法创建3个连杆，如图2-8所示。

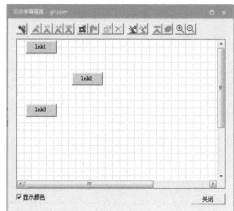

图2-7　　　　　　　　　　　　　　图2-8

5　双击【lnk2】按钮，弹出【连杆属性】对话框，单击【连杆单元】下面的元素并选择左边的零件，如图2-9所示。单击【确定】按钮，完成【lnk2】连杆的配置，如图2-10所示。

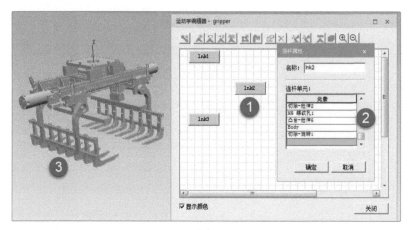

图2-9

提示

不同的连杆在完成配置后颜色不同。

6　用步骤5的方法对【lnk3】连杆进行配置，完成后如图2-11所示。

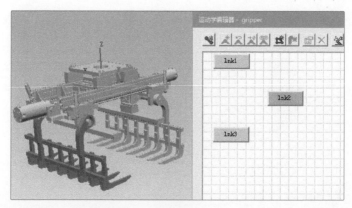

图 2-10

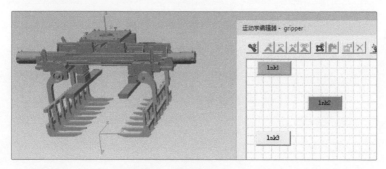

图 2-11

7 隐藏【lnk2】【lnk3】，如图2-12所示。双击【lnk1】按钮，打开【连杆属性】对话框，选择所有零件，完成后单击【确定】按钮，如图2-13所示，完成【lnk1】连杆的配置。

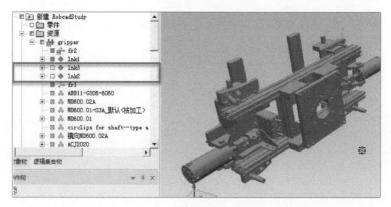

图 2-12

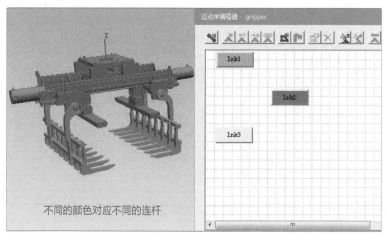

图 2-13

8　将【lnk1】拖至【lnk2】,这时出现连
　　接线,如图2-14所示。双击连接线,
　　如图2-15所示,打开【关节属性】
　　对话框,如图2-16所示。

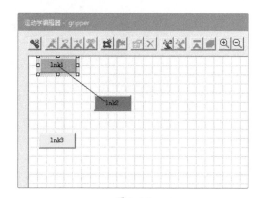

图 2-14

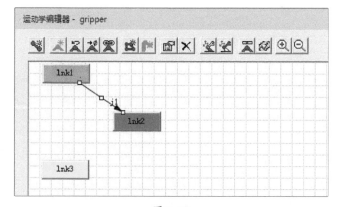

图 2-15

图2-16

9 单击【从】按钮，选择圆心，如图2-17所示。单击【到】按钮，旋转模型到另一边，选择模型的中心点。完成后单击▼按钮，【关节类型】选择"旋转"，【限制类型】选择"常数"，【上限】和【下限】分别设置为"180"和"0"，如图2-18所示，单击【确定】按钮完成关节的创建。

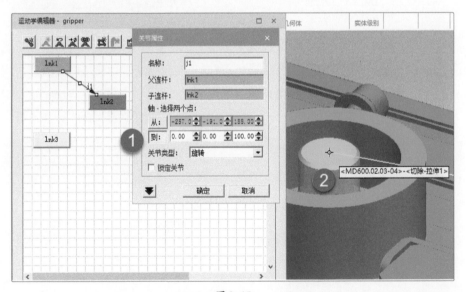

图2-17

10 按照前面讲解的方法，完成【lnk1】对【lnk3】的关联，如图2-19所示。

11 单击【打开关节调整】按钮，如图2-20所示。弹出【关节调整】对话框，拖动滑动条，可以看到夹爪在沿轴旋转，如图2-21所示。

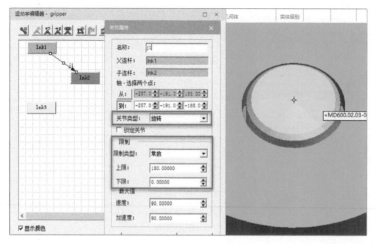

图 2-18

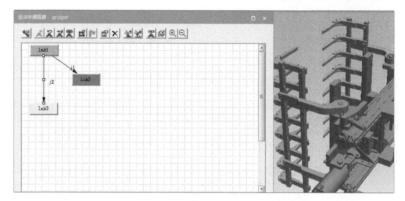

图 2-19

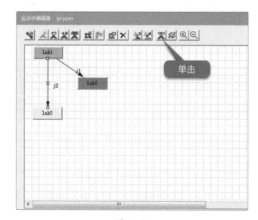

图 2-20

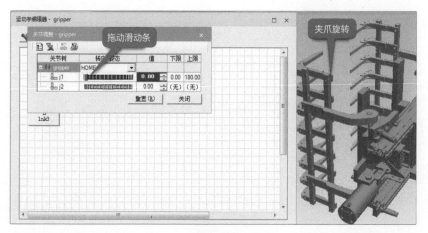

图 2-21

12 将【j1】和【j2】的【下限】【上限】设置为"-45"和"0",如图 2-22 所示。拖动滑动条,可以看到夹爪沿轴心旋转运动,如图 2-23 所示。

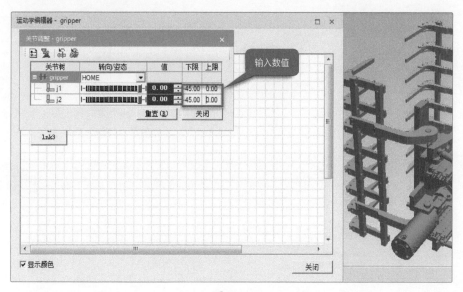

图 2-22

13 单击【新建姿态】按钮,弹出【姿态编辑器】对话框,如图 2-24 所示,单击【新建】按钮,设置【姿态名称】为"CLOSE",如图 2-25 所示,单击【确定】按钮,完成夹具关闭姿态的建立。

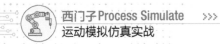

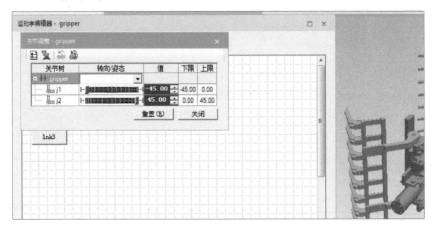

图 2-23

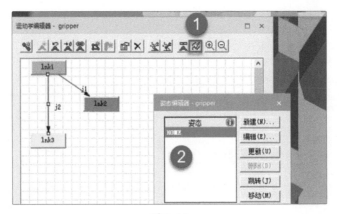

图 2-24

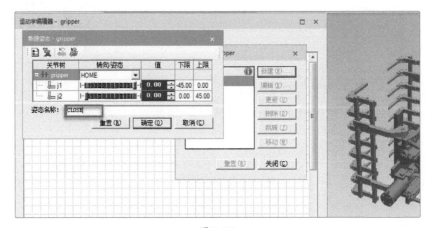

图 2-25

14 按照前面讲解的方法新建姿态，设置【姿态名称】为"OPEN"，如图2-26所示，拖动滑动条，完成夹具打开状态的建立，如图2-27所示。

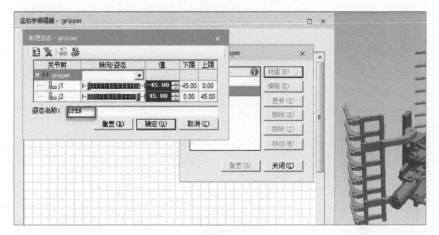

图 2-26

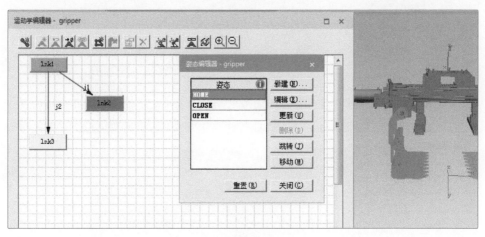

图 2-27

提示

双击【OPEN】【CLOSE】可以实现夹具的打开和关闭。

15 创建基准坐标。基准坐标为与机器人末端法兰连接的坐标，按图2-28、图2-29所示进行创建。需要特别注意的是一定要在选中模型后创建基准坐标，并且创建后要检查基准坐标是否在模型内。

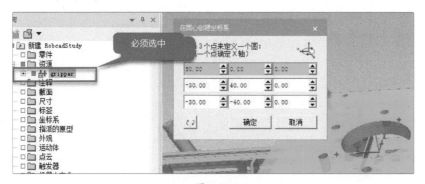

图 2-28

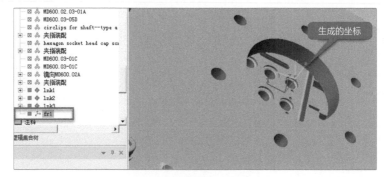

图 2-29

16 创建工具坐标。工具坐标为夹具的使用中心点，袋子的中心点与工具坐标的中心
点一致。用创建基准坐标的方法进行创建，分别在 *Y* 轴输入 "304.25"，在 *Z* 轴输
入 "85"，完成工具坐标的创建，创建后的效果如图2-30所示。

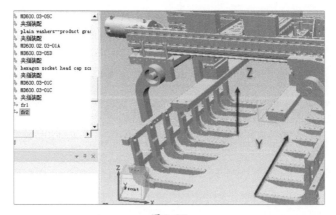

图 2-30

17 单击【运动学设备】/【工具定义】按钮，弹出【工具定义】对话框，【工具类】选择"握爪"，【TCP坐标】选择"fr2"，【基准坐标】选择"fr1"，在【抓握实体】中将夹爪全部选择，单击【确定】按钮，如图2-31所示。

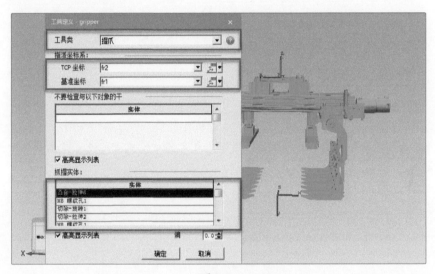

图 2-31

18 单击工具栏中的【结束建模】按钮，完成工具的定义。

提示

TCP坐标即工具坐标。

2.2 气缸夹具的定义

气缸夹具广泛应用于机床上下料、搬运等场合，气缸夹具具有简单、可靠的优点。目前自动化行业基本都是采用夹持的方式进行产品抓取。气缸夹具适用于抓取较硬且不易变形的产品。

本节以抓取牛奶塑料筐的气缸夹具为例讲述其定义的过程，也为第3章所使用的物料做铺垫。

1 将导入的夹具定义为【资源】/【PmCompoundResource】/【Gripper】，如图2-32所示。

选中【对象树】中的模型，单击【设置建模范围】按钮，进入编辑模式。

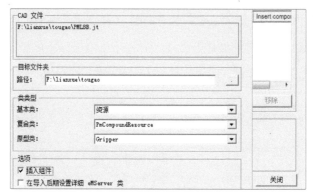

图 2-32

2 新建3个连杆并按图2-33~图2-35所示定义各连杆，完成各连杆定义后的效果如
图2-36所示。

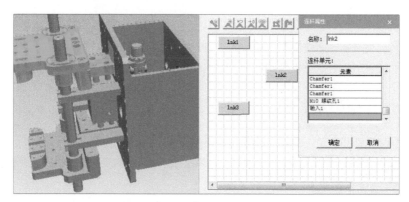

图 2-33

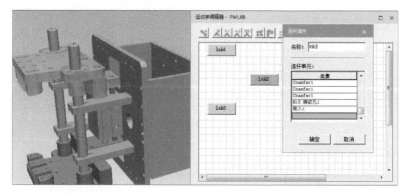

图 2-34

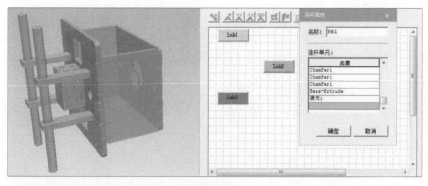

图2-35

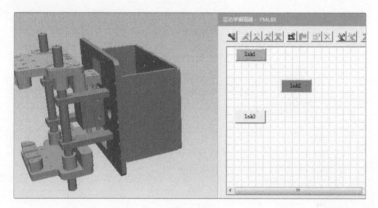

图2-36

3 气缸的单边行程为80mm, 动作时, 两边同时向外、内动作, 总行程为160mm。
按上一节的方法连接连杆, 双击连接线并按图2-37~图2-39所示进行设置。用同
样的方法设置【J2】, 如图2-40所示。

图2-37

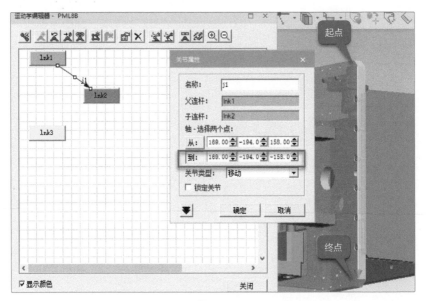

图 2-38

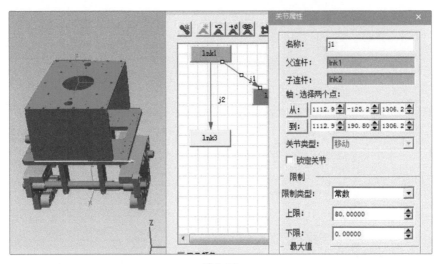

图 2-39

4 新建打开和关闭状态。单击【姿态编辑器】按钮，打开【新建姿态】对话框，
按图2-41、图2-42所示进行设置，新建打开和关闭状态。

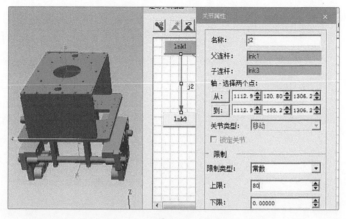

图 2-40

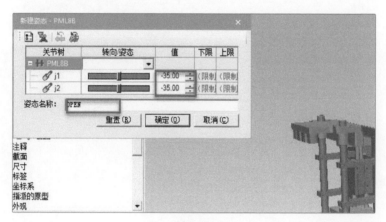

图 2-41

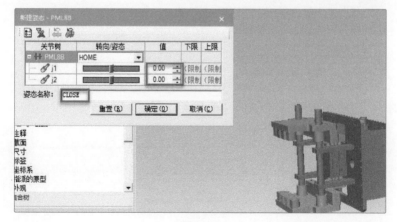

图 2-42

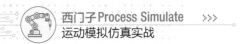

5 新建基准坐标与 TCP 坐标。用【在圆心创建坐标】命令在夹具的端面创建坐标，Z
轴朝下，名称默认。选中【fr1】后按【Ctrl+C】组合键复制，然后按【Ctrl+V】组
合键粘贴，并按【F2】键将名称改为 "fr2"，选择【放置控制器】命令，按图 2-43
所示向下移动 410.5mm。

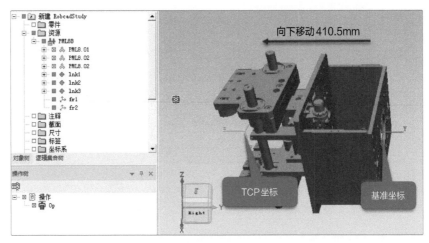

图 2-43

6 定义工具。单击【工具定义】按钮，【工具类】选择 "握爪"，【TCP 坐标】选
择 "fr2"，【基准坐标】选择 "fr1"，在【抓握实体】中选择夹具左右两侧的实
体，如图 2-44 所示。

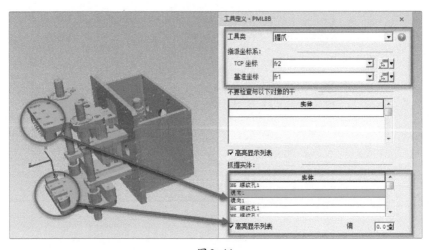

图 2-44

7 新建一个"握爪操作"进行模拟。选择【操作】/【新建操作】/【新建握爪操作】菜单命令，如图2-45所示。在弹出的对话框中，【目标姿态】设置为"OPEN"，如图2-46所示，单击【确定】按钮创建。

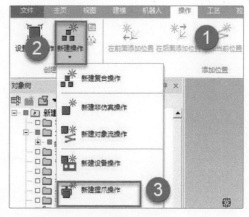

图 2-45

图 2-46

8 左下方【操作树】出现【Op】的仿真，如图2-47所示。单击【播放】按钮▶，夹具自动进行模拟，图2-48所示为打开状态。

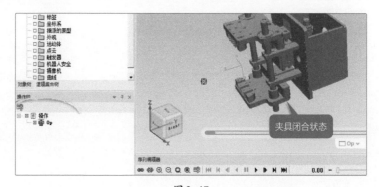

图 2-47

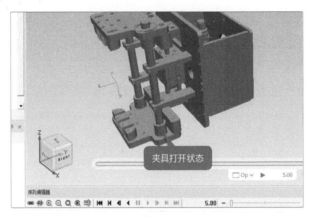

图 2-48

2.3 六轴机器人的定义

本节以 ABB 的 IRB2600-12-1850 机器人为例，根据已知资料对机器人进行定义，以达到使用要求。IRB2600-12-1850 机器人的 STP 格式在其官网上下载，按照第 1 章介绍的方式将其转换成 JT 格式备用。

1 选中【IRB2600】机器人，单击【设置建模范围】按钮 ✔，进入编辑模式，选择【创建坐标系】/【在圆心创建坐标系】菜单命令，创建【fr1】坐标，如图 2-49 所示。

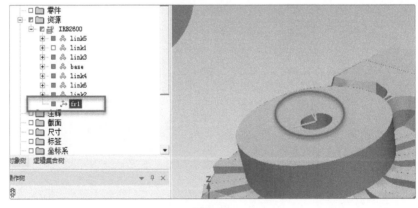

图 2-49

2 创建【fr2】坐标，如图 2-50 所示。

3 创建【fr3】坐标，如图 2-51 所示。

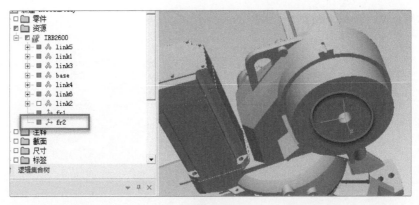

图 2-50

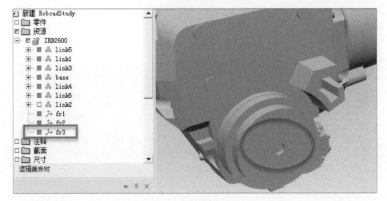

图 2-51

4 创建【fr4】坐标，如图2-52所示。

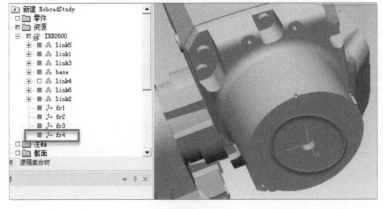

图 2-52

5 创建【fr5】坐标，如图 2-53 所示。

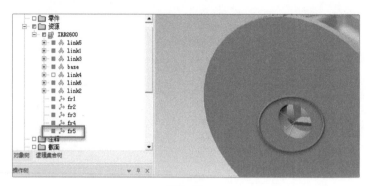

图 2-53

6 创建【fr6】坐标，如图 2-54 所示。

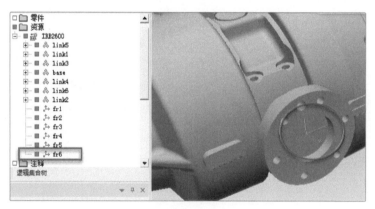

图 2-54

7 创建【TCP】坐标，如图 2-55 所示。

8 创建【Base】坐标，如图 2-56 所示。

9 校正坐标。在创建的坐标中，X、Y、Z 轴的方向都不一样，这样不利于后期的设置，因此需要将方向设为一致。选中【fr1】坐标，单击【重定位】按钮，在弹出的【重定位】对话框中，【到坐标系】选择"工作坐标系"，如图 2-57 所示。单击【应用】按钮，这时系统自动与工作坐标校正，完成后单击【关闭】按钮，关闭对话框。

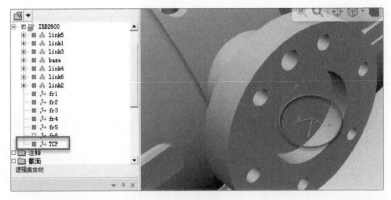

图 2-55

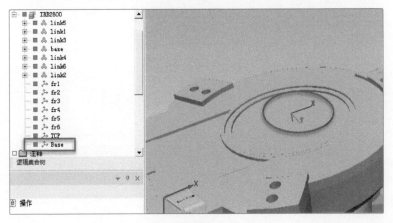

图 2-56

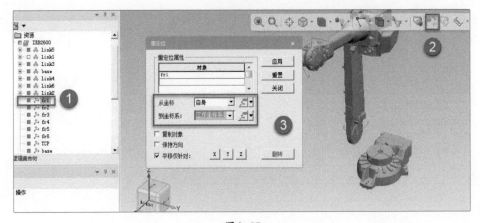

图 2-57

10 用步骤9的方法使新建的所有坐标都与工作坐标方向对齐。

11 选择【运动学设备】/【运动学编辑器】菜单命令，弹出【运动学编辑器】对话框，新建【lnk1】连杆，将实体【base】与坐标【base】设置为【连杆单元】后单击【确定】按钮，完成【lnk1】连杆的配置，如图2-58所示。

图2-58

12 用步骤11的方法创建【lnk2】~【lnk7】连杆，详见图2-59~图2-65。

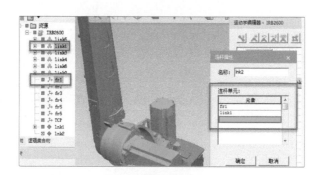

图2-59

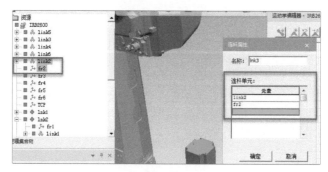

图2-60

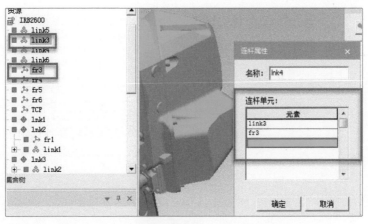

图 2-61

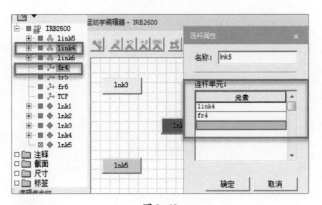

图 2-62

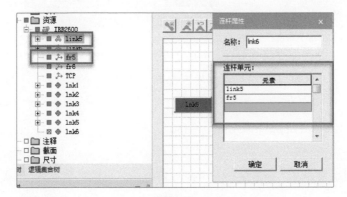

图 2-63

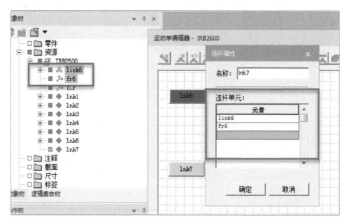

图 2-64

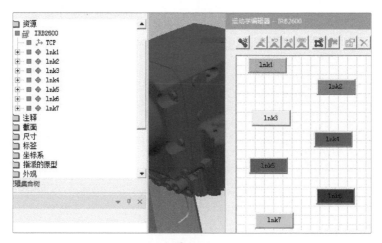

图 2-65

13 选中【lnk】连杆并将其拖动到【lnk2】连杆进行连接，在弹出的【关节属性】对话框中，单击【从】按钮，选择图2-66所示的圆心，单击【到】按钮，选择表面的圆心。【关节类型】选择"旋转"，【限制类型】选择"常数"，并将【上限】设置为"180"，【下限】设置为"-180"，单击【确定】按钮，完成【j1】轴的设置。

14 依次设置其余各轴，如图2-67~图2-71所示。

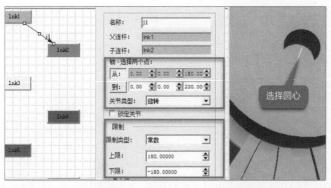

图 2-66

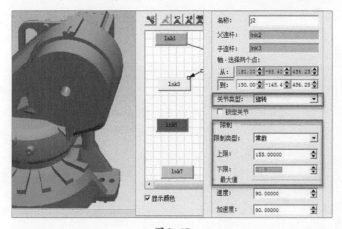

图 2-67

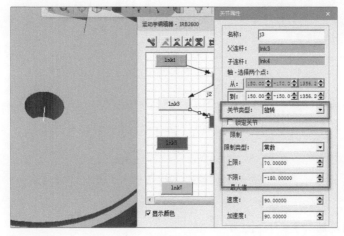

图 2-68

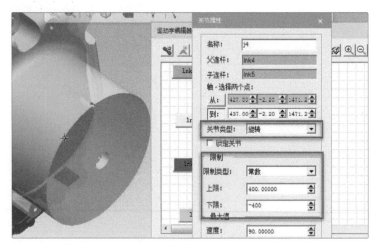

图 2-69

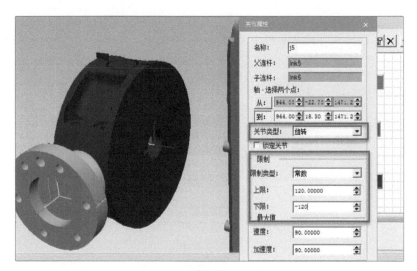

图 2-70

15 设置基准坐标。定义好各轴后，需要设置基准坐标。单击【运动学编辑器】对话框右上角的【设置基准坐标系】按钮🔲，将【base】坐标设置为基准坐标，如图2-72所示，单击【确定】按钮，完成基准坐标的设置。

16 设置工具坐标。单击【运动学编辑器】对话框右上角的【设置工具坐标系】按钮🔲，【位置】选择"TCP"，【附加至链接】选择"lnk7"，单击【确定】按钮，完成工具坐标的设置，如图2-73所示。

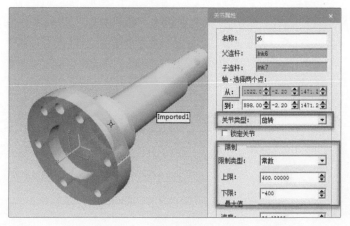

图 2-71

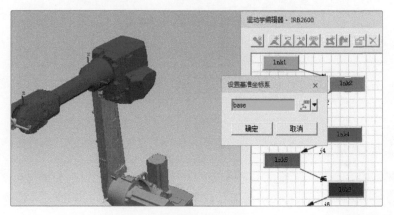

图 2-72

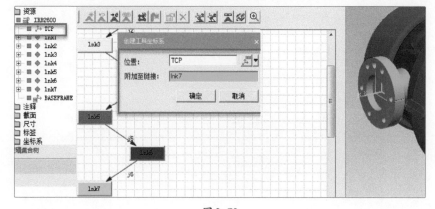

图 2-73

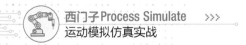
西门子Process Simulate >>> 运动模拟仿真实战

提示

　　在设置各轴的【上限】和【下限】时，可能会发生方向相反、数值不正确的情况，在图2-74所示的红色框所在位置，单击数字并修改即可；修改数据后，单击【重置】按钮可恢复为修改前的数据；ABB、KUKA、安川、法那科等厂家均支持JT格式的文件，可从它们的官网直接下载使用。

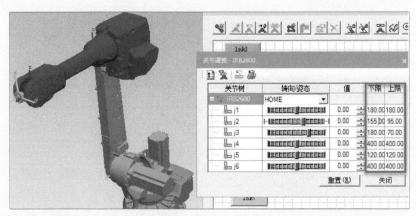

图 2-74

2.4　RRRR连杆机构的创建

　　连杆机构运动在实际项目中应用较多，夹具、定位机构、工装等均会使用连杆机构，故掌握连杆机构的创建方法十分重要。本节以C型快夹为原型，讲述RRRR连杆机构的创建方法。图2-75所示为C型快夹模型。

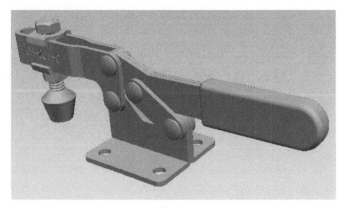

图 2-75

1 新建研究并导入C型快夹模型，单击【设置建模范围】按钮，然后打开【运动学编辑器】对话框，单击【创建曲柄】按钮，弹出【创建曲柄】对话框，如图2-76所示。选择【RRRR】，单击【下一步】按钮。

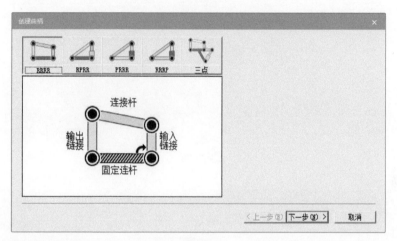

图 2-76

2 为方便选择中心点，先将C型快夹的连接轴隐藏，具体效果如图2-77所示。分别将轴的中心点选择为所定的关节，如图2-78所示，完成关节坐标定义的效果如图2-79所示。

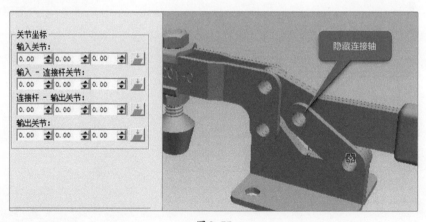

图 2-77

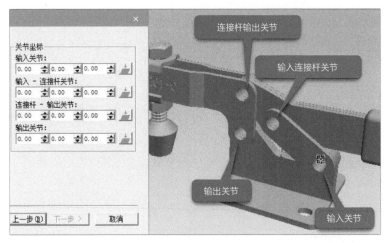

图 2-78

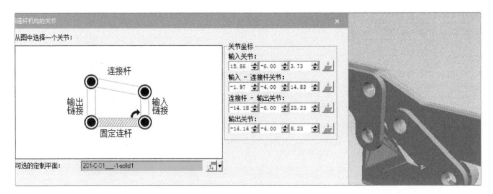

图 2-79

3 选择 C 型快夹的底座作为固定连杆，如图 2-80 所示。

图 2-80

4 选择连接片作为输入连接，如图2-81所示。

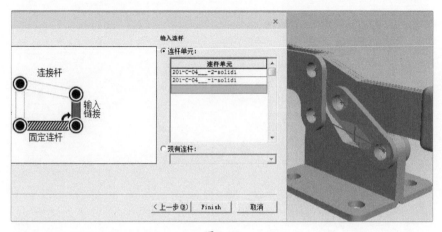

图2-81

5 选择手柄作为连接杆，如图2-82所示。

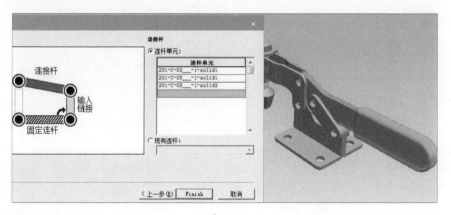

图2-82

6 选择压块部分作为输出连接，如图2-83所示，完成后单击【Finish】按钮。

7 单击【打开关节调整】按钮，并在【转向/姿态】下拖动滑动条，如图2-84所示，这不是正确的运动，故需要进行调整。

8 对所有的连接进行重新定义，分别以最外面的圆的中心点定义旋转轴的中心，如图2-85所示。

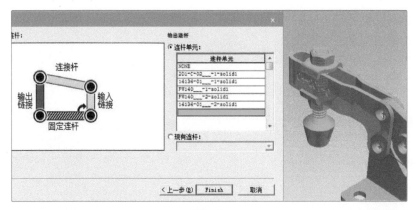

图 2-83

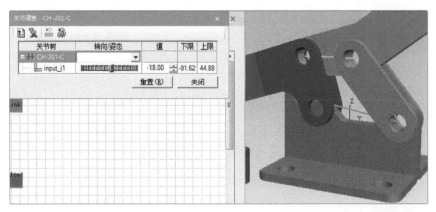

图 2-84

图 2-85

9 打开【关节调整】对话框，拖动滑动条，可以看到机构按要求进行动作，表示正确完成，如图2-86所示。

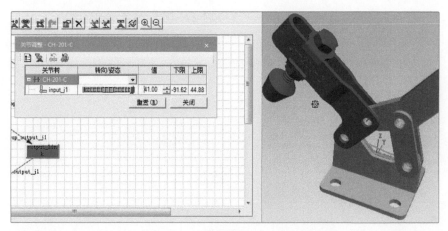

图 2-86

在创建连杆运动时，经常会出现明明是按要求定义的，但就是无法实现的现象；此时我们需要看一下连接的虚心是否形成一个闭环或者旋转的中心点是否合理，然后分别对各连接进行修改。

2.5 RPRR连杆机构的创建

本节以气缸夹紧机构为原型，讲述RPRR连杆机构的创建方法。图2-87所示为气缸夹紧机构模型。

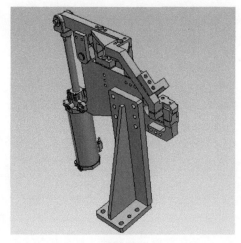

图 2-87

1 将模型导入，打开【运动学编辑器】对话框，单击【创建曲柄】按钮■，弹出【创建曲柄】对话框。选择【RPRR】，单击【下一步】按钮，如图2-88所示。

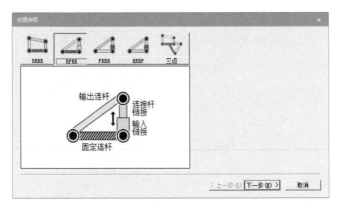

图 2-88

2 分别对【固定–输入关节】【连接杆–输出关节】【输出关节】【定制平面】进行选择，均为孔或轴的中心点，如图2-89所示。

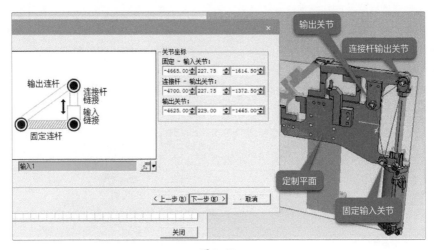

图 2-89

3 气缸在运动的过程中是会摆动的，故需要设置偏置，选择气缸底部的圆心（轴心），如图2-90所示。

4 选择气缸缸体部分作为输入连接，如图2-91所示。

5 选择气缸输出轴作为连接杆连接，如图2-92所示。

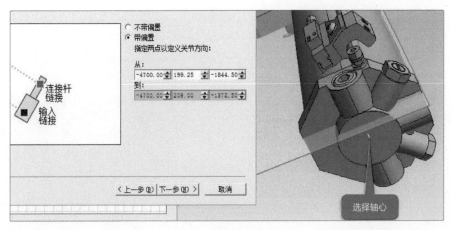

图 2-90

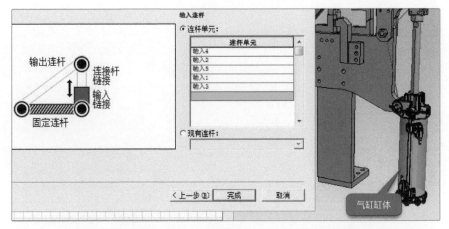

图 2-91

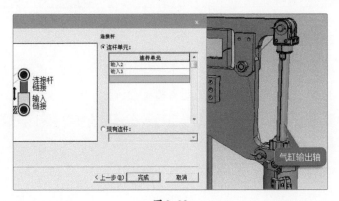

图 2-92

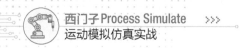
6 选择压紧机构作为输出连杆，如图2-93所示。

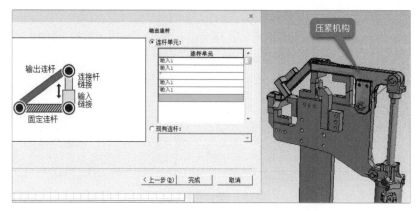

图 2-93

7 选择模型中不需要进行运动的部分作为固定连杆，如图2-94所示。完成定义后，
单击【完成】按钮，完成创建。

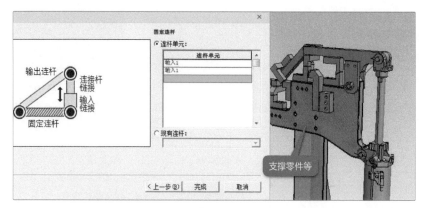

图 2-94

8 单击【打开关节调整】按钮 ，弹出【关节调整】对话框，拖动滑动条，可以看
到机构按要求进行动作，证明设置是正确的，如图2-95所示。

9 返回【运动学编辑器】对话框，完成不同的连接，将前面未定义的零件分别加入
不同的连接，如图2-96所示。

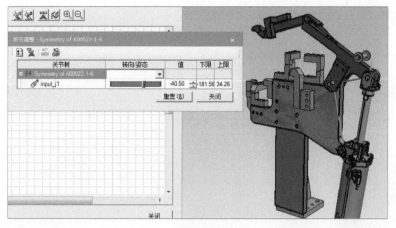

图 2-95

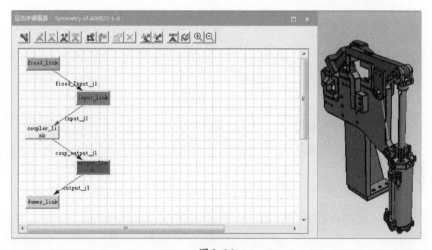

图 2-96

提示

　　带平衡缸的机器人和4轴连杆机器人的部分连杆采用【创建曲柄】对话框中的【三点】
【PRRR】【RRRP】等进行创建，原理基本差不多，只要能灵活应用，就可以达到举一反三
的目的；在汽车制造中，用气缸设计的夹紧、定位夹具比较多，故本章的连杆知识是比较
重要的。

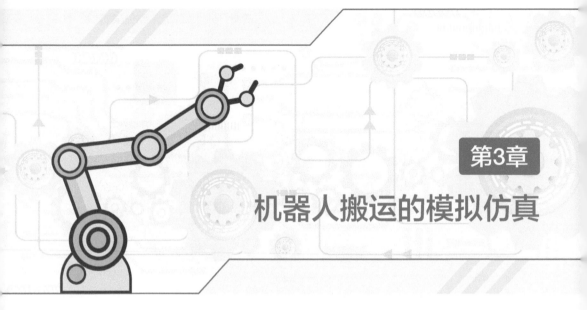

机器人搬运的模拟仿真

本章结合第2章定义的夹具与机器人的连接，介绍机器人如何搬运物料并将其放在托盘上，从而模拟工业实际应用场景。

3.1 夹具的安装

1 分别导入第2章的"机器人""夹具""塑料筐""垛盘"，并摆放至相应区域，如图3-1所示。

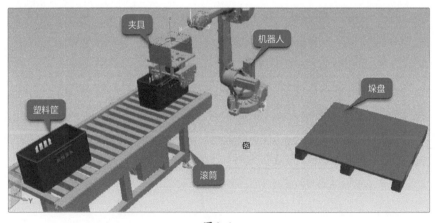

图3-1

2 安装工具。右击机器人并选择【机器人在】/【安装工具】命令，如图3-2所示。在

弹出的【安装工具】对话框中,【安装的工具】下面的【工具】选择"PML8B",
【坐标系】选择"基准坐标系";【安装工具】下面的【安装位置】选择"IRB2600",
【坐标系】选择"TOOLFRAME",完成设置后单击【应用】按钮,如图3-3所示。

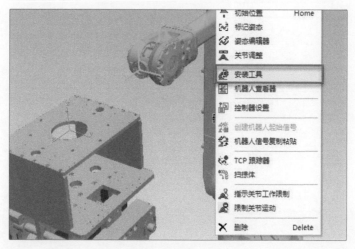

图3-2

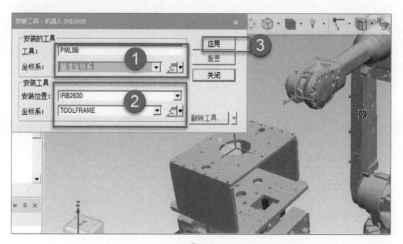

图3-3

3 调整工具。图3-4所示为工具安装在机器人法兰上的情况,但位置不对,需要调
节。单击【翻转工具】按钮翻转工具,直至达到使用要求,如图3-5所示。

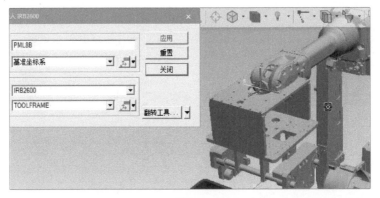

图 3-4

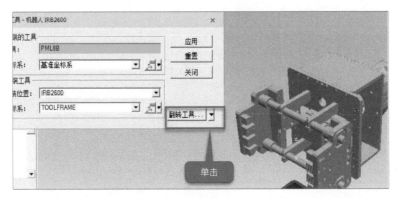

图 3-5

4　项目要求夹具是朝下的，故需要新建一个姿态。右击机器人并选择【姿态编辑器】命令，如图3-6所示。在弹出的【姿态编辑器】对话框中新建【pos1】姿态，如图3-7所示。

图 3-6

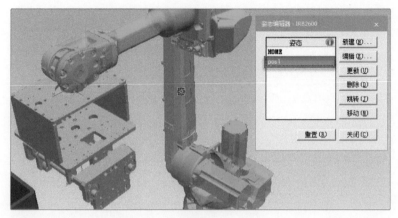

图 3-7

3.2 抓放坐标的建立

1 以塑料筐两侧的中心点建立坐标【fr1】，并利用【放置操控器】命令沿 Z 轴向下
移 53mm，如图 3-8 所示，此坐标作为抓取的起始点坐标。

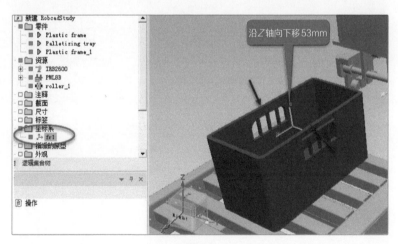

图 3-8

2 选中【fr1】，按【Ctrl+C】和【Ctrl+V】组合键复制、粘贴坐标，按【F2】键重
命名为 "fr2"，利用通过【放置控制器】命令将坐标朝 X 轴正方向移动 1400mm，
如图 3-9 所示，此坐标作为塑料筐向抓取方向流动的起始坐标。

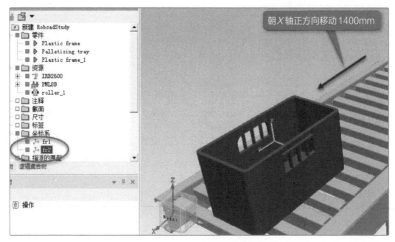

图3-9

3 新建塑料筐的放置坐标。以垛盘的角落为原点，新建 "X=251.5" "Y=128" "Z=270"
的坐标，并重命名为 "fr3"，如图3-10所示。

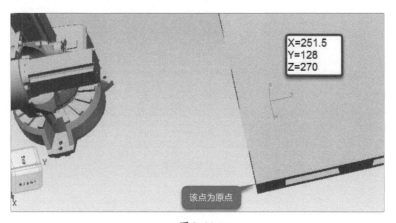

图3-10

3.3 新建拾放操作

1 新建拾放操作。选择【操作】/【新建操作】/【新建拾放操作】菜单命令，如图3-11
所示。这时弹出【新建拾放操作】对话框，设置【机器人】【握爪】，在【定义拾
取和放置点】中，【拾取】选择 "fr1"，【放置】选择 "fr3"，其余设置如图3-12
所示。完成设置后，单击【确定】按钮关闭对话框。

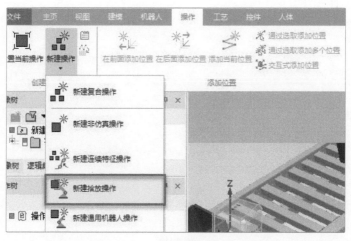

图 3-11

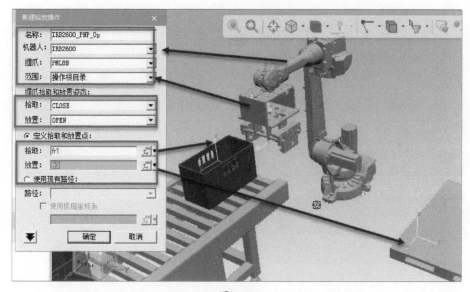

图 3-12

2　图3-13所示为生成的运动模拟，这时将生成的模拟置于当前，右击并选择【设置当前操作】菜单命令，如图3-14所示。单击【播放】按钮▶，系统自动进行一个抓取动作，如图3-15所示。

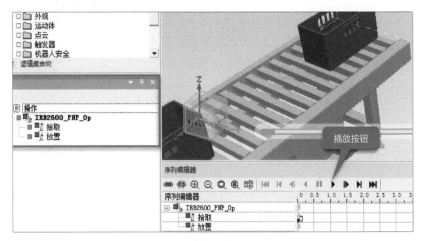

图 3-13

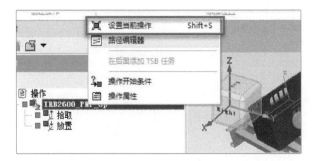

图 3-14

图 3-15

3 新建对象流操作。选择【操作】/【新建操作】/【新建对象流操作】菜单命令，
如图3-16所示。在弹出的【新建对象流操作】对话框中按图3-17所示进行设置，
完成后单击【确定】按钮，完成对对象流操作的新建模拟仿真。

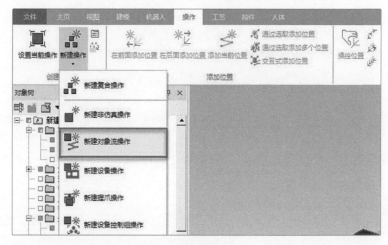

图 3-16

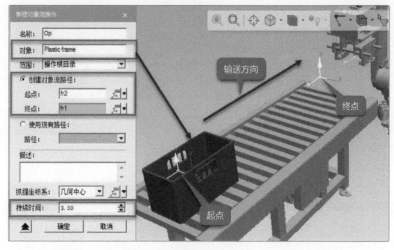

图 3-17

4 将【Op】仿真设置为当前操作，单击【播放】按钮▶进行播放，塑料筐向前输
送，并在指定位置停下，如图3-18所示。

图 3-18

5 接下来将"对象流"和"拾放"仿真连在一起，实现物料输送到抓取位置后机器人抓取物料到垛盘。右击【操作】并选择【新建复合操作】命令，这时系统会弹出相应的对话框，保持默认设置即可。具体操作流程如图3-19和图3-20所示。

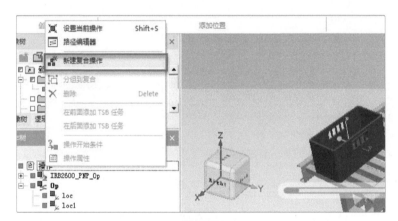

图 3-19

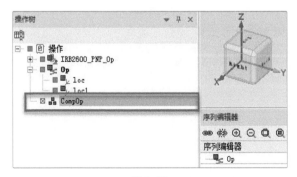

图 3-20

6 将【Op】和【IRB2600_PNP_Op】拖动到【CompOp】下面，如图3-21所示。

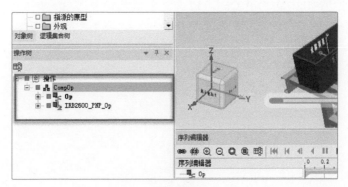

图 3-21

7 调节播放顺序。单击进度条，当鼠标指针变成 ✛ 时，将【IRB2600_PNP_Op】的
进度条拖至【Op】的后面，如图3-22所示。图3-23所示为仿真的最终效果。

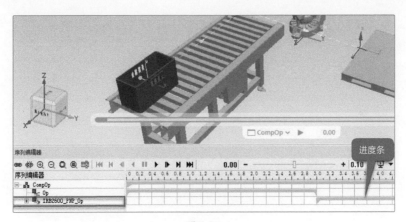

图 3-22

图 3-23

8 从图3-23生成的运动来看，这个路径不符合我们的使用要求，故需要进行编辑。选中【IRB2600_PNP_Op】，切换至【路径编辑器】，单击 按钮，编辑【IRB2600_PNP_Op】，如图3-24所示。

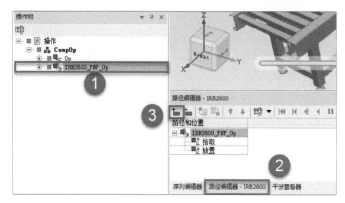

图 3-24

9 右击【拾取】并选择【跳转指派的机器人】命令，如图3-25所示，这时机器人移动到抓取的原点。

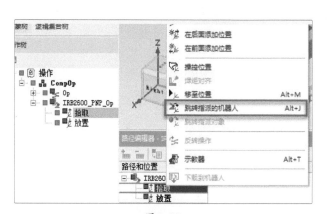

图 3-25

10 右击【拾取】并选择【操控位置】命令，弹出图3-26所示的对话框，单击【在前添加位置】按钮，在【平移】中选中【Z】并输入"200"，表示向上移动200mm。

11 单击右上方的【播放】按钮，单击【在后添加位置】按钮，在【平移】中选中【Z】并输入"200"，表示向上移动200mm，如图3-27所示。

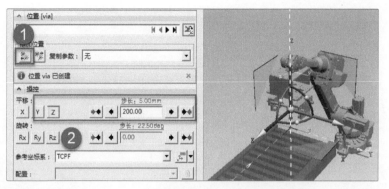

图 3-26

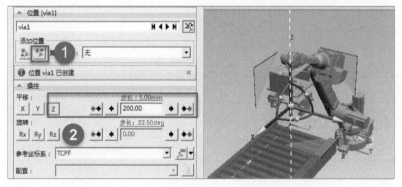

图 3-27

12 单击右上方的【播放】按钮▶，将机器人转到【放置】处，用前面的方法按图3-28、图 3-29 所示添加位置。图 3-30 所示为添加的节点。单击【播放】按钮▶，可以看到路径符合要求，如图3-31所示。

图 3-28

图 3-29

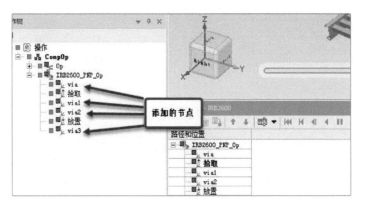

图 3-30

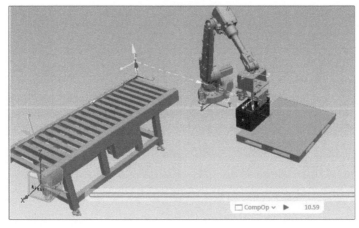

图 3-31

3.4 生成多个抓放动作

1 要实现的效果是塑料筐叠两层，每层两个塑料筐，塑料筐均由输送而来，机器人抓取它们并放置在不同的位置。先输送4个塑料筐过来，每次输送一个。选中【Plastic frame】，然后按【Ctrl+C】和【Ctrl+V】组合键进行复制、粘贴，并重命名，如图3-32所示。按图3-33所示新建一个对象操作流，名称默认即可，生成后将其拖动到【CompOp】下面，并按图3-34所示移动进度条位置。依次类推，分别对【Plastic frame_2】【Plastic frame_3】以同样的方法进行设置，最终完成效果如图3-35所示。

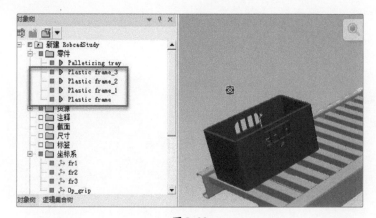

图 3-32

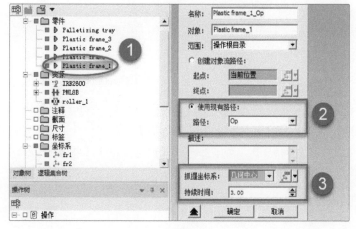

图 3-33

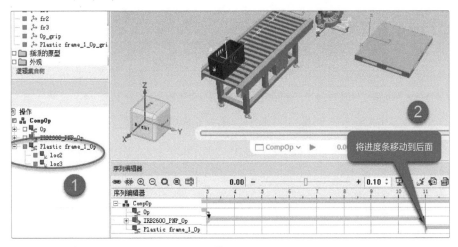

图 3-34

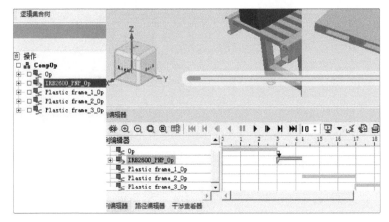

图 3-35

② 接下来用同样的方法再建立3个抓取动作，按【Ctrl+C】和【Ctrl+V】组合键进行复制、粘贴，然后按图3-36所示拖动进度条，放置完成后，再生成一个塑料筐。

③ 将【IRB2600_PNP_Op1】放入【路径编辑器】中，右击【via2】并选择【操控位置】命令，如图3-37所示。在弹出的对话框中，单击【平移】中的【X】并输入"-503"，单击【关闭】按钮，如图3-38所示。按图3-37和图3-38所示的方法将【放置】【via3】移至同样的位置。

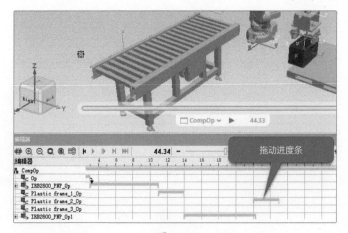

图 3-36

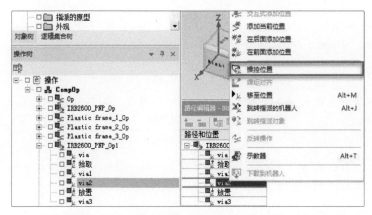

图 3-37

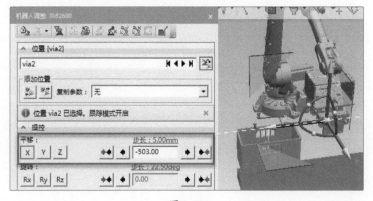

图 3-38

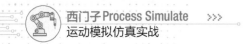
4 将【IRB2600_PNP_Op2】移动至需要的位置，注意坐标值的变化，如图3-39所示。

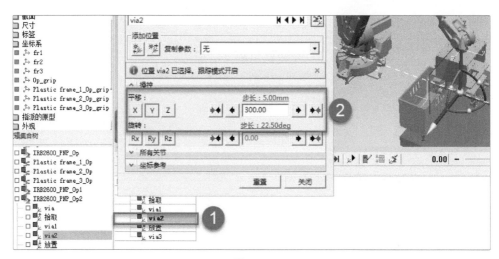

图3-39

5 将【IRB2600_PNP_Op3】移动至需要的位置，如图3-40所示。至此便完成了所有坐标值的变动，单击【播放】按钮▶进行播放。图3-41所示为仿真结束后的界面。

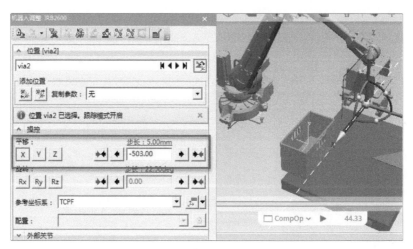

图3-40

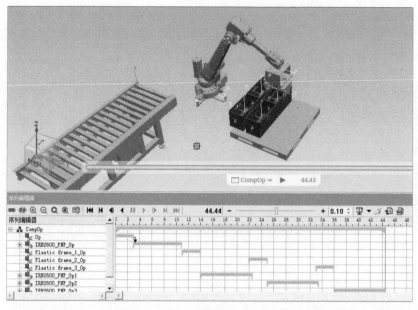

图3-41

6 若要叠两层，只需复制【CompOp】仿真，并新建一个复合操作，然后更改里面的位置。图3-42所示为码垛两层的效果。

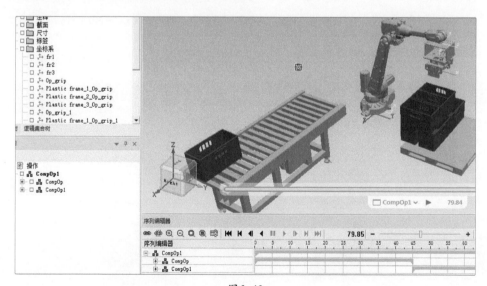

图3-42

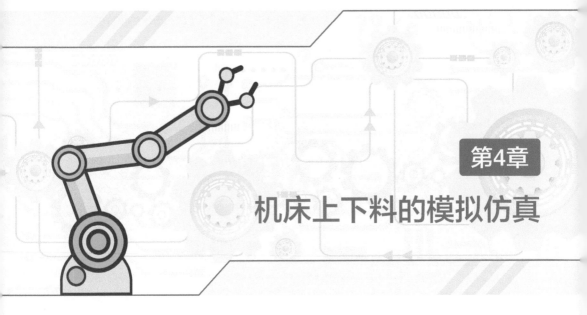

机床上下料的模拟仿真

本章讲解冲床上下料案例，具体内容为机器人1从原料仓抓取原料到冲床，然后冲床进行冲压动作，机器人2将冲好的成品放入成品仓中，如图4-1所示。

冲压行业危险性较高，将机器人广泛应用于冲压行业的上下料，不仅可以代替人们从事危险的工作，而且可以24小时连续运转。目前绝大多数的冲床上下料采用机器代替人工上下料，图4-1所示为常见的冲床布局，图4-2所示为冲压前后的零件。

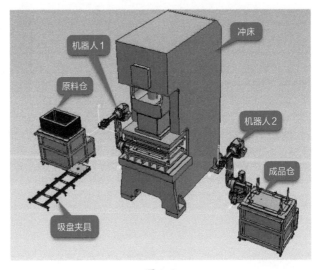

图 4-1

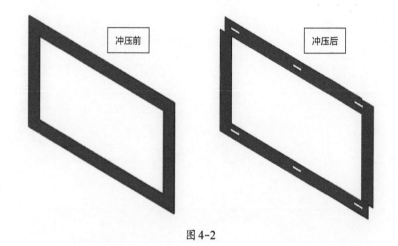

图 4-2

4.1 吸盘夹具的定义

1 定义吸盘夹具。吸盘夹具一般带弹簧（其作用为缓冲），但本节的重点是表述
工艺仿真，而不是夹具，故将吸盘整体向下移动10mm作为吸盘的动作。将
【TCS04】夹具在【设置建模范围】模式下，分别建立【TCP】坐标和【base】坐
标，如图4-3、图4-4所示。

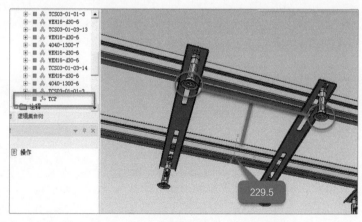

图 4-3

2 建立【lnk1】和【lnk2】两个连杆，其中【lnk1】连杆作为夹具机架，不可动作
的部分，【lnk2】连杆作为吸盘的部分，其中包括螺母部分，如图4-5所示。

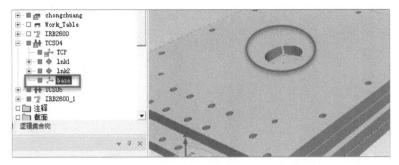

图 4-4

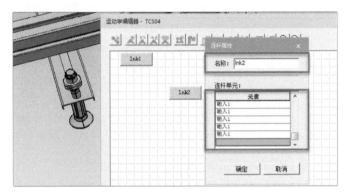

图 4-5

3 建立连接。建立一个移动关节"j1",设置【上限】为5,【轴-选择两个点】以竖直方向铝型材的边作为从点和到点,如图4-6所示。

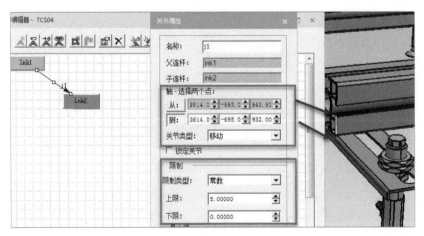

图 4-6

4 建立原点的抓取点。在【姿态编辑器】中新建【Pick】,并将【值】调到最大,
即"5",如图4-7所示。与此同时再新建【UP】作为原点,设置如图4-8所示。

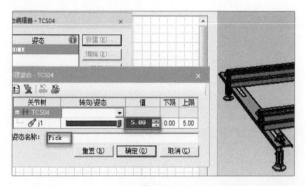

图 4-7

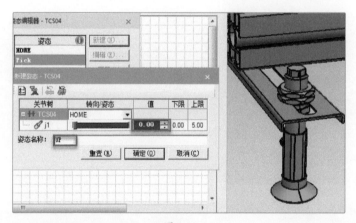

图 4-8

5 定义工具。对工具进行定义。【工具类】选择"握爪",【TCP坐标】【基准坐标】
分别选择"TCP""base";【抓握实体】选择所有的吸盘作为实体,如图4-9所
示。完成后退出建模模式并保存文件。

6 选中【TCS04】后按【Ctrl+C】和【Ctrl+V】组合键进行复制、粘贴,并重命名
为"TCS05"。如图4-10所示,将【TCS04】安装到【IRB2600】机器人上面。同
理,将【TCS05】安装到【ZRB2600-1】机器人上面。

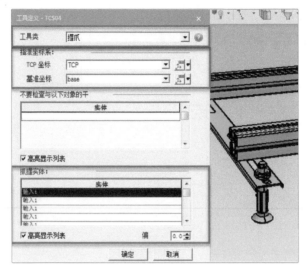

图 4-9

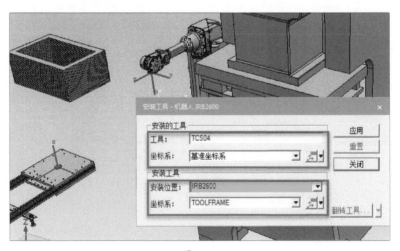

图 4-10

4.2　上料抓取模拟仿真

1 建立抓取原点坐标、冲床坐标、完成坐标，并重命名为【S】【M】【F】坐标，具
体操作过程参考第 1 章的 1.7 节，最终效果如图 4-11 所示。

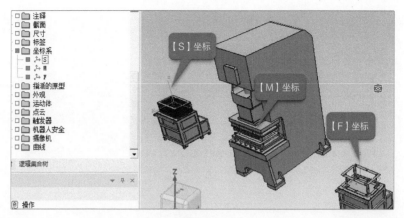

图 4-11

2 新建拾放操作。选择【操作】/【新建操作】/【新建拾放操作】菜单命令，在弹出的对话框中，【机器人】选择"IRB2600_1"，【握爪】选择"TCS05"；【拾取】选择"Pick"，【放置】选择"UP"；拾取点和放置点分别选择【S】和【M】，如图4-12所示，完成后单击【确定】按钮。

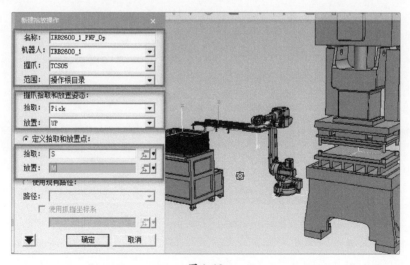

图 4-12

3 系统生成的路径未必是我们想要的，另外还可能会有干涉的状况，接下来对其进行调节并新增一些位置。将【IRB2600_1_PNP_Op】添加到【路径编辑器】内，右击【拾取】并选择【操控位置】命令，此时对话框如图4-13所示。

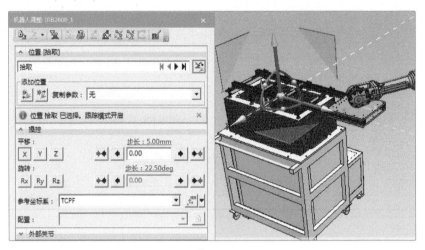

图 4-13

4 单击【在前面添加位置】按钮创建 "via"，在【操控】/【平移】下方单击【Z】
按钮，并输入 "200"，可以看到吸盘往工件上方移动了200mm，如图4-14所示。

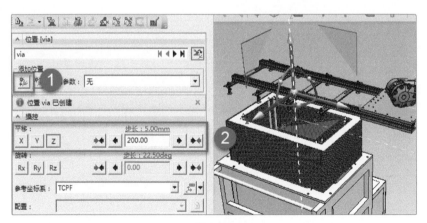

图 4-14

5 单击【在后面添加位置】按钮，创建 "via1"，在【操控】/【平移】下方单击
【Z】按钮，并输入 "200"，可以看到吸盘往工件上方移动了200mm，如图4-15
所示。

6 当机器人夹具移出塑料筐后，向右前方移动并旋转。单击【在后面添加位置】按
钮，创建 "via2"，这次采用机器人的关节来旋转，一轴旋转至0°、六轴旋转
至90°，如图4-16所示。

图 4-15

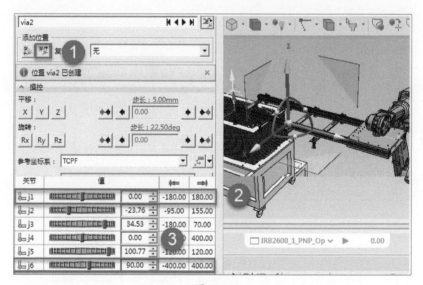

图 4-16

7　单击【在后面添加位置】按钮，创建"via3"，在【旋转】下方单击【Rz】按钮并输入"90"，如图 4-17 所示。

8　单击【在后面添加位置】按钮，创建"via4"，并在【关节】中将一轴旋转至 0°，六轴旋转至 270°，如图 4-18 所示。

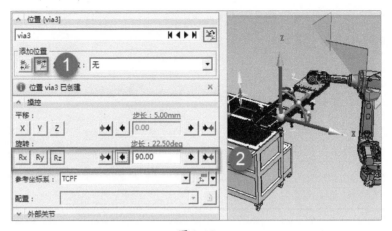

图 4-17

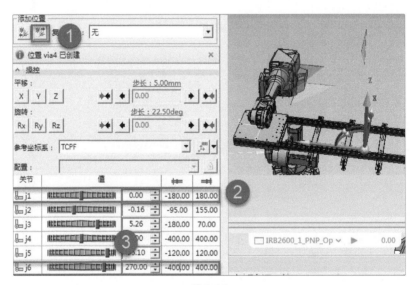

图 4-18

9　右击【路径编辑器】中的【放置】，选择【操控位置】命令，调整放置的位置，如图 4-19 所示。

10　完成放料后，需要将夹具退出冲床。单击【在后面添加位置】按钮，创建"via5"，在【平移】下方单击【Y】按钮并输入"1500"，如图 4-20 所示。

11　至此便完成了机器人上料的过程，单击【播放】按钮▶，可以看到机器人抓取物料并放到冲床后退出，达到了我们想要的效果，如图 4-21 所示。

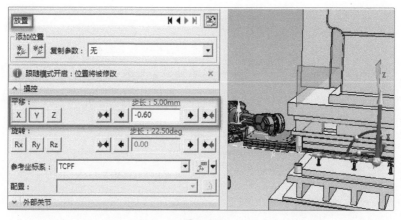

图 4-19

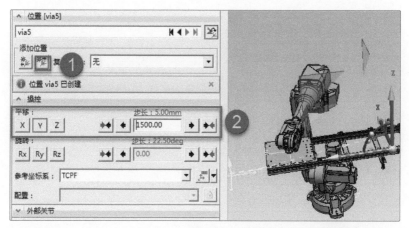

图 4-20

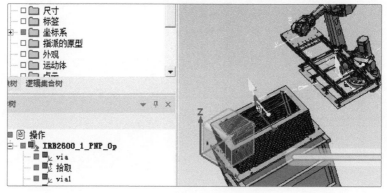

图 4-21

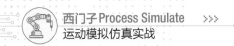

4.3 冲床运动仿真

为了更加直观地展示工作过程，下面建立冲床的上下运动，以模拟冲床的动作。

1 将冲床置于编辑模式下，在【运动学编辑器】内新建【lnk1】和【lnk2】连杆。将冲床的运动部件加入【lnk2】连杆，如图4-22所示。冲床的其余不运动部件全部加入【lnk1】连杆。

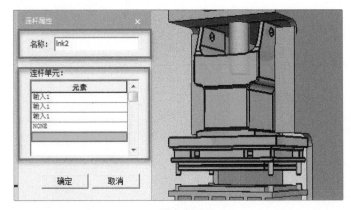

图 4-22

2 将【lnk1】和【lnk2】连杆进行连接，【关节类型】选择"移动"，【上限】设置为"150"，【下限】设置为"0"，如图4-23所示。

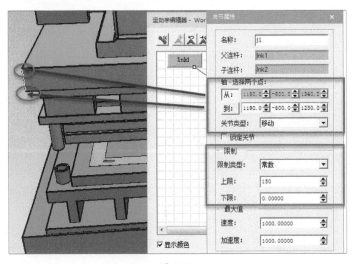

图 4-23

③ 新建姿态【DOWN】和【UP】，分别代表模具下压和模具抬起，设置如图4-24和图4-25所示。完成后退出【运动学编辑器】并退出编辑模式。

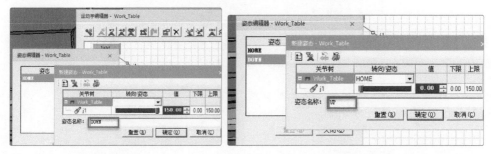

图4-24   图4-25

④ 选择【操作】/【新建操作】/【新建设备操作】菜单命令，在弹出的【新建设备操作】对话框中，【设备】选择"Work_Table"，【从姿态】选择"HOME"，【到姿态】选择"DOWN"，【持续时间】设置为2秒，如图4-26所示。

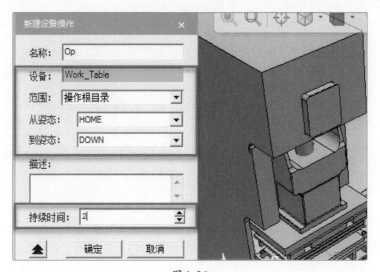

图4-26

⑤ 建立一个冲床的抬升动作，设置如图4-27所示。

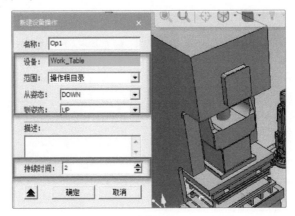

图 4-27

6 右击【操作树】下的【操作】，选择【新建复合操作】命令，将【IRB2600_1_PNP_Op】【Op】【Op1】拖入【CompOp】中，然后单击【链接】按钮进行连接。单击【播放】按钮，可以看到机器人将物料放入冲床后，冲床向下运动执行冲压的动作，完成后抬起，如图4-28所示。

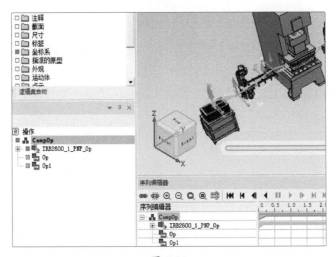

图 4-28

4.4 下料抓取模拟仿真

1 新建一个从冲压完成后，从冲床取出物料并将其放到塑料筐中的动作。选择【操作】/【新建操作】/【新建拾放操作】菜单命令，在弹出的【新建拾放操

作】对话框中,【机器人】选择"IRB2600",【拾取】选择"Pick",【放置】选择
"UP",拾取点选择【M】,放置点选择【F】,如图4-29所示,单击【确定】按钮
退出对话框。

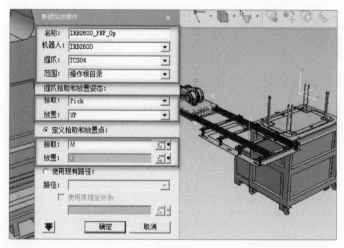

图 4-29

2 将生成的【IRB2600_PNP_Op】操作加入【路径编辑器】中,右击【拾取】,选
择【操控位置】命令。在【添加位置】下方单击【在前面添加位置】按钮，创
建"via6",在【平移】下面单击【Y】按钮并输入"1200",如图4-30所示。

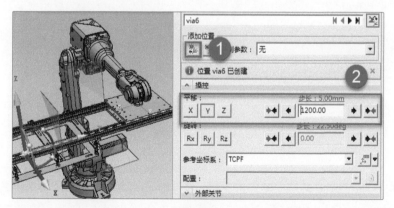

图 4-30

3 在【添加位置】下方单击【在后面添加位置】按钮，创建"via7",在【平移】
下方单击【Y】按钮并输入"1200",如图4-31所示。

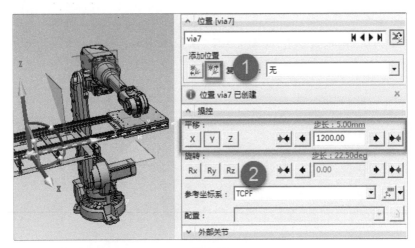

图 4-31

4 右击【放置】并选择【操控位置】命令。单击【在后面添加位置】按钮，创建"via8"，在【平移】下方单击【Z】按钮并输入"100"，如图4-32所示，表示放料完成后，向上平移100mm。

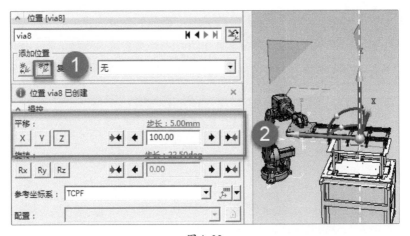

图 4-32

5 完成以上动作后，机器人应归到原位。右击机器人本体，选择【姿态编辑器】命令，然后双击【DOWN】姿态，机器人回到初始状态，如图4-33所示。单击【添加当前位置】按钮，生成"via9"，如图4-34所示。复制"via9"，并将其调至最顶位置，如图4-35所示。

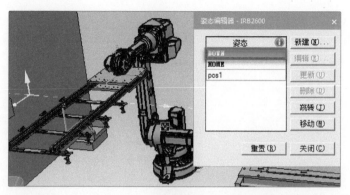

图 4-33

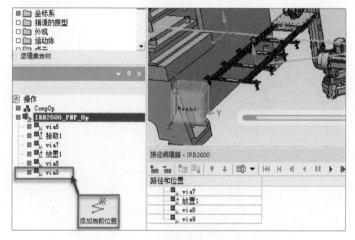

图 4-34

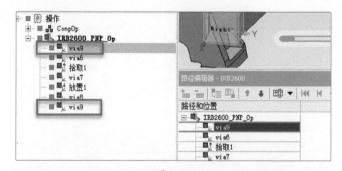

图 4-35

6 至此便完成了机器人下料的过程,将【IRB2600_PNP_Op】拖到【CompOp】中,并进行排序,如图4-36所示。

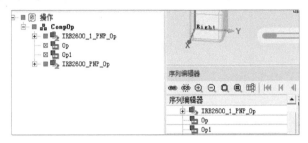

图 4-36

7 运行模拟发现，在运行前冲床的物料是显示的，本次应该是放置物料后才生成。运行冲压动作后，毛坯料也同样显示，而这个应该是要消失的，故需要对此进行设置，图4-37和图4-38为错误的显示。

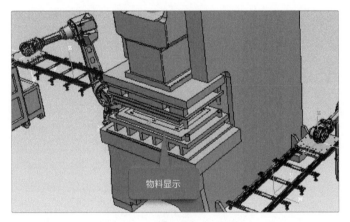

图 4-37

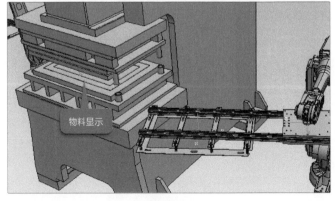

图 4-38

8 右击【Op1】进度条，选择【隐藏事件】命令，如图4-39所示。在弹出的【隐藏个对象】对话框中，【对象】选择"PD_S_1"，选择"任务开始后"，如图4-40所示，单击【确定】按钮。此动作表示，当冲床向上抬时，毛坯料在0.70秒后消失。

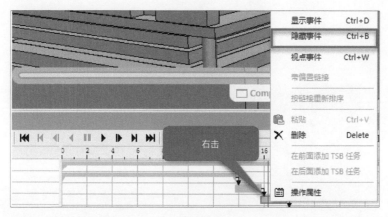

图 4-39

图 4-40

9 右击【Op1】进度条，选择【显示事件】命令，如图4-41所示。系统弹出【显示个对象】对话框，选择"PD_F"，并设置【开始时间】为毛坯料消失后的时间（在0.70秒后即可），同样选择"任务开始后"，如图4-42所示。

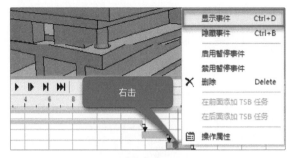

图 4-41

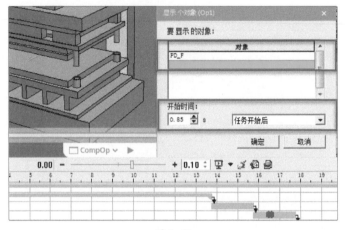

图 4-42

10 设置完成后，单击【播放】按钮 ▶，播放仿真，图4-43所示为仿真前的情况，
冲床工作台上没有显示工件，图4-44所示为冲压完成后的情况，冲床工作台上
的工件已经被机器人取出。

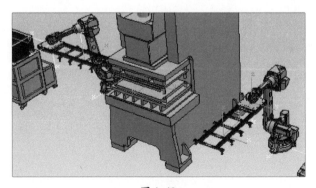

图 4-43

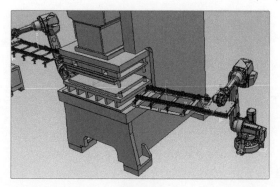

图 4-44

11 复制【CompOp】，然后重名命为"CompOp1"。选择【操作】/【新建操作】/【新建复合操作】菜单命令，保持系统默认设置，生成"CompOp2"，将【CompOp】【CompOp1】拖入【CompOp2】中，最终效果如图 4-45 所示。

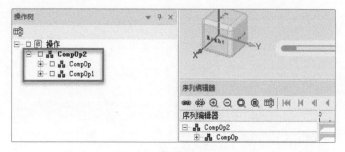

图 4-45

12 选中【PD_F】并按【Ctrl+C】组合键进行复制，按【Ctrl+V】组合键粘贴并重命名为"PD_F_1"。选中【PD_S_1】并按【Ctrl+C】组合键进行复制，按【Ctrl+V】组合键粘贴并重命名为"PD_S_2"，如图 4-46 所示。

图 4-46

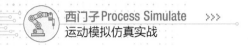

13 如果此时运行仿真，机器人会抓取两个原料到冲床，故需要对【PD_F_1】进行
移位。右击【PD_S_2】并选择【放置操控器】命令，在【放置操控器】对话框
中进行设置，负零件向下移动5毫米，如图4-47所示。

图4-47

14 将【IRB2600_1_PNP_Op】加入【路径编辑器】中，然后右击【拾取】并选择【操
控位置】菜单命令，在【平移】下单击【Z】按钮并输入"−5"，如图4-48所示。

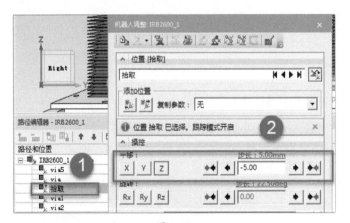

图4-48

15 修改显示、隐藏事件。由于对象是复制、粘贴而来的，还保留原来的信息。如
图4-49和图4-50所示，分别对隐藏、显示进行修改。

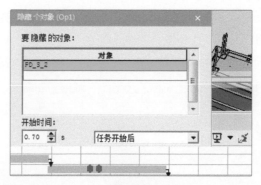

图 4-49

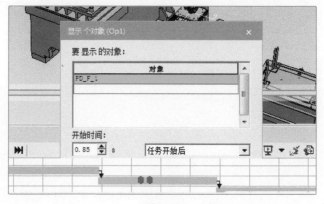

图 4-50

16 单击【播放】按钮▶,可以看到毛坯料在冲压后显示为加工完成的,机器人上下料均为正常,图4-51所示为完成冲床上下料的效果。

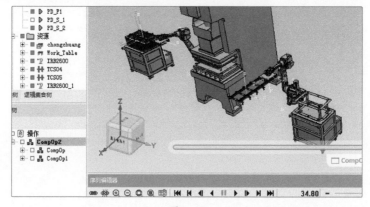

图 4-51

　　至此便完成了机床上下料的工艺仿真过程，其中的方法读者多使用才能熟练掌握，然后举一反三用到其他集成环境、工作环境中。

　　机器人的动作可以再优化，使其更加平滑；可以修改上下料的位置，达到堆叠的效果；系统生成的拾放点有时候未必是最优的，可以手动调节。

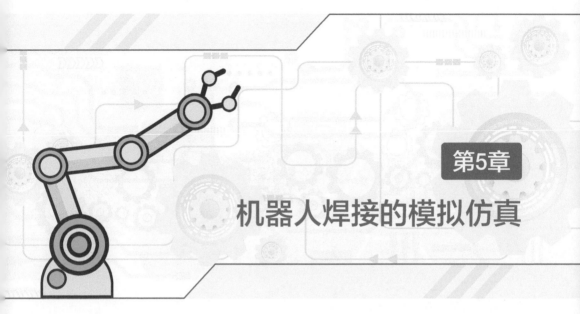

第5章

机器人焊接的模拟仿真

焊接作为工业机器人集成应用的第二大应用，代替工人焊接广泛应用于各种场合。数据表明，未来机器人弧焊工作站的数量将超过码垛工作站。由于焊接存在高温、强光、烟等情况，越来越少的年轻人愿意从事此类工作，未来弧焊工作站将是一个很好的发展方向。

5.1 机器人焊接直线仿真

根据第2章所讲内容导入"焊枪""工业机器人""变位机"等零件，图5-1所示为零件导入成功后的布局。

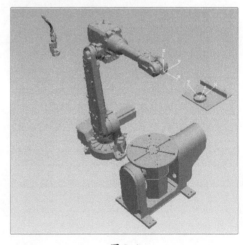

图5-1

1 本案例使用变全机变换位置，故需要确定变位机。选中变位机，打开【运动学编辑器】对话框，创建3个连杆，并将圆盘加入【lnk3】连杆中，如图5-2所示。

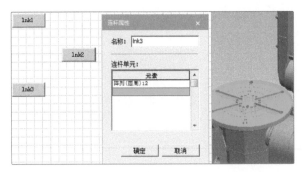

图 5-2

2 将中间旋转轴加入【lnk2】连杆中，如图5-3所示。

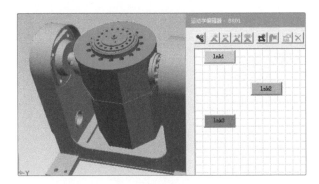

图 5-3

3 将中间旋转轴加入【lnk1】连杆中，如图5-4所示。

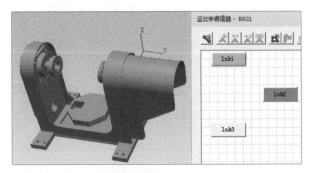

图 5-4

4 将【lnk1】连杆和【lnk2】连杆连接，选择图5-5所示的轴心为旋转轴，并设置
【上限】为"135"、【下限】为"-135"。

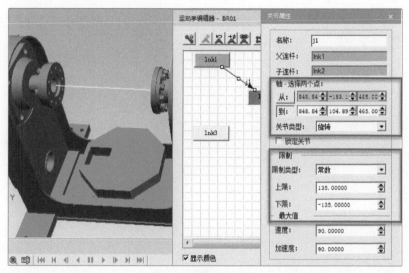

图5-5

5 将【lnk2】连杆和【lnk3】连杆连接，选择图5-6所示的轴心为旋转轴，并设置
【上限】为"360"、【下限】为"-360"。

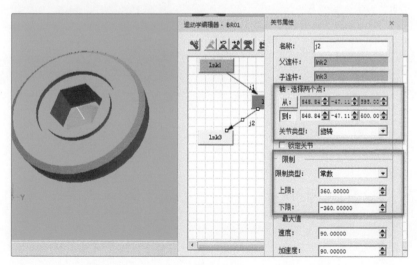

图5-6

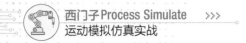

6　选中焊枪，进入编辑模式，利用【在圆心创建坐标系】命令在图5-7所示的焊枪的端面创建坐标，并将其重命名为"MTG"。

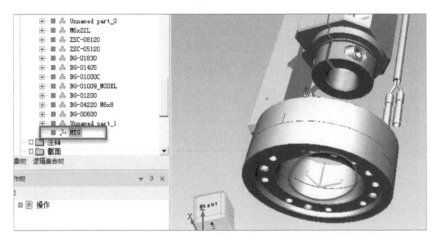

图 5-7

7　在端面创建焊丝的坐标。在出丝口端面创建坐标，并且离端面15mm，将其重命名为"TCP"，如图5-8所示。

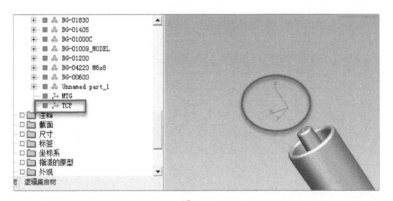

图 5-8

8　将【工具类】定义为"焊枪"，然后定义【TCP】坐标为"TCP"、【基准】坐标为"MTG"，如图5-9所示。

9　将焊枪安装到机器人法兰上，如图5-10所示。用【关节调整】命令查看焊枪是否随着机器人旋转，若是跟随机器人旋转，那么证明安装是成功的。

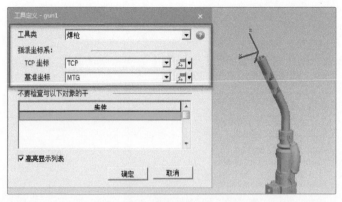

图 5-9

图 5-10

10 选中工件，调用【重定位】功能，以工件的底面为【从坐标】、变位机的表面中心为【到坐标系】进行定位。将工件安装在变位机上，如图5-11所示。

图 5-11

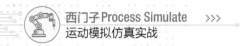

11 将工件附加到变位机上，这样在后面的仿真中工件将跟随变位机一起旋转。单击
【主页】菜单右边的【附加】按钮，在弹出的对话框中按图5-12所示进行设
置，选择【附加对象】为工件，【到对象】为变位机的旋转安装盘。

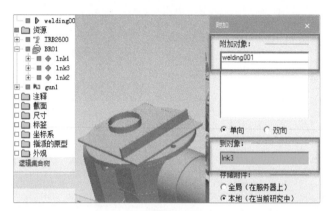

图 5-12

12 这个工件在导入前没有定义焊缝，故需要新建一条焊缝。选择【建模】/【曲线】/【创
建多段线】命令，如图5-13所示。系统弹出【创建多段线】对话框，按图5-14
所示选择【起点】和【终点】后，单击【确定】按钮，完成曲线的创建。

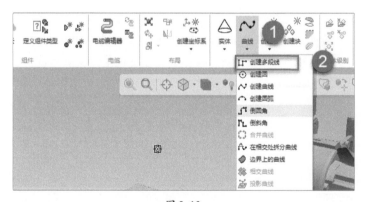

图 5-13

13 按图5-13、图5-14所示的方法创建曲线2，如图5-15所示。

14 创建圆弧曲线。选择【建模】/【曲线】/【创建圆】菜单命令，如图5-16所示。
按图5-17、图5-18所示分别创建半径为75mm和72mm的圆，图5-19所示为创
建完成的线条。

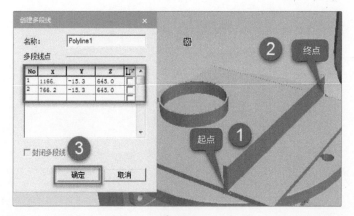

图 5-14

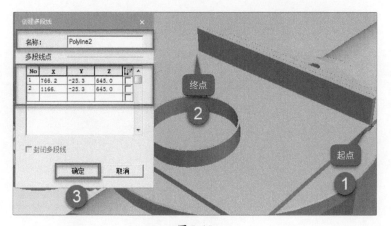

图 5-15

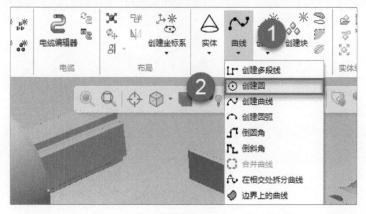

图 5-16

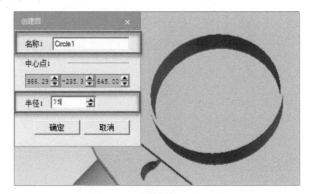

图 5-17

图 5-18

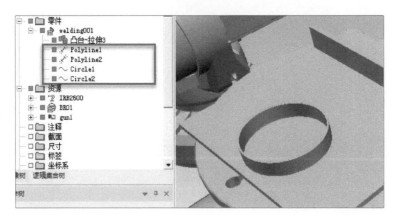

图 5-19

15 先用【Polyline1】进行模拟。选中【Polyline1】，然后单击【由曲线创造连续制
造特征】按钮，如图5-20所示。在弹出的【由曲线创建连续制造特征】对话

框中，按图5-21所示操作，完成后单击【确定】按钮生成特征。

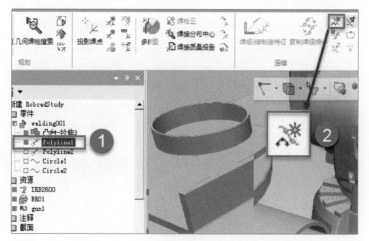

图 5-20

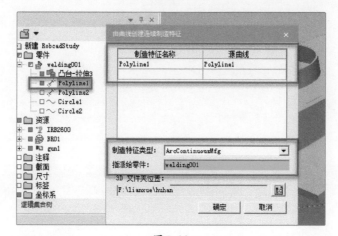

图 5-21

16 对生成的线条进行定义，以方便区分。单击【突显连续制造特征开关】按钮，
弹出【突显制造特征】对话框，设置线宽、线条颜色（黑色），如图5-22、图5-23
所示。

17 选择【新建】/【新建操作】/【新建连续特征操作】菜单命令，在弹出的【新建
连续操作】对话框中，设置【机器人】【工具】，然后在【连续制造特征】中选择
【Polyline1】线条，如图5-24所示。

图 5-22

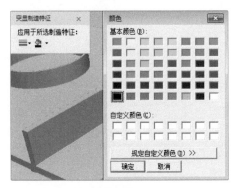

图 5-23

图 5-24

18 选中当前的仿真，然后单击【投影弧焊焊缝】按钮，如图5-25所示。系统弹出图5-26所示的对话框，双击【+】，弹出【面选择】对话框，按图5-27、图5-28所示分别选择【底面】和【侧面】。

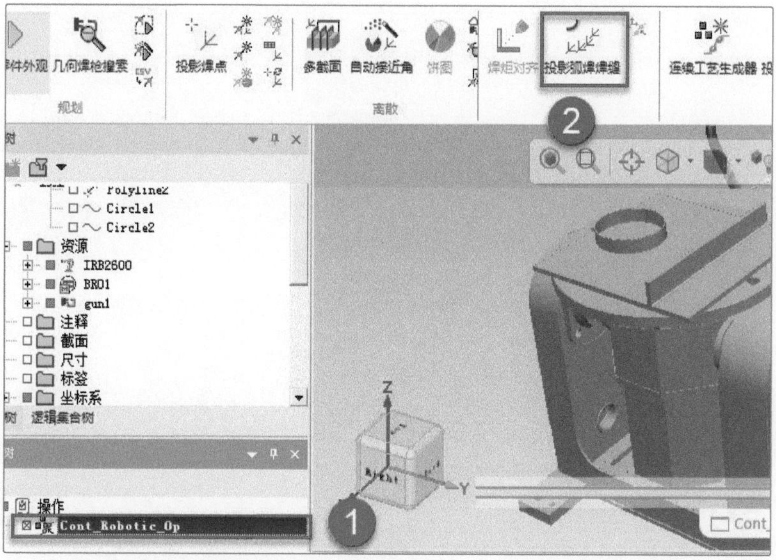

图5-25

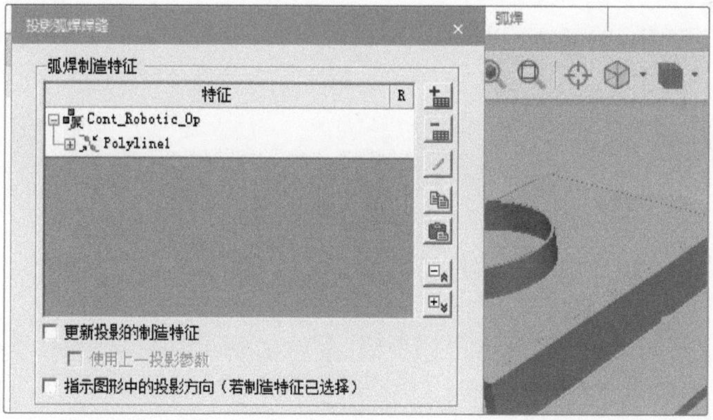

图5-26

19 单击【项目】按钮，系统会弹出一个对话框，单击【是】，这时可以看到【Polyline1】右侧有一个【√】，如图5-29所示，代表成功生成，单击【关闭】关闭对话框。

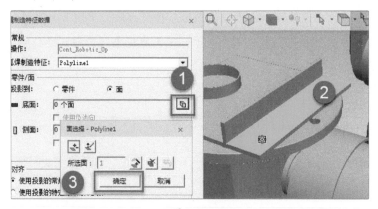

图 5-27

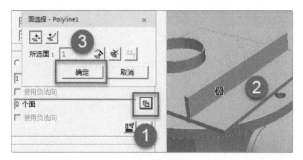

图 5-28

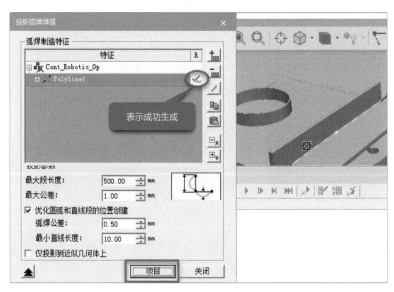

图 5-29

20 播放仿真，可以看到焊枪的动作是错误的，这时需要将焊枪进行翻转，按图5-30所示，分别选中仿真，然后单击【翻转曲面上的位置】按钮 翻转曲面上的位置，进行翻转。重新播放，发现机器人的动作是正确的，如图5-31所示。

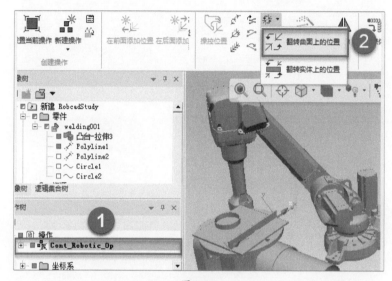

图 5-30

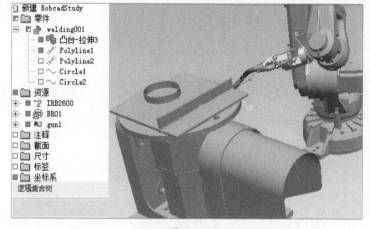

图 5-31

21 仿真虽然成功了，但变位机没有旋转，故需要将变位机工件翻转45°，使机器人焊接时为平的角焊。选中变位机，进入建模模式，新建图5-32所示的【line】姿态。按上述方法，建立【line2】姿态，如图5-33所示。

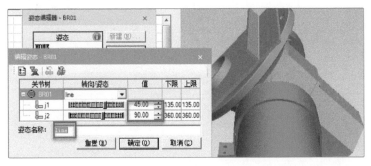

图 5-32

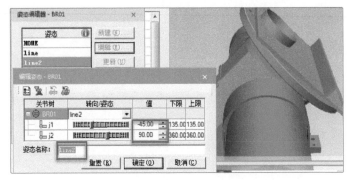

图 5-33

22 选择【新建】/【新建操作】/【新建设备操作】菜单命令,在弹出的对话框中选择变位机的【从姿态】为"HOME"、【到姿态】为"line",如图5-34所示,单击【确定】按钮。新建复合操作,并将焊接仿真、设备操作拖入新建的操作中,如图5-35所示。

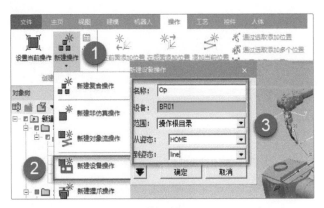

图 5-34

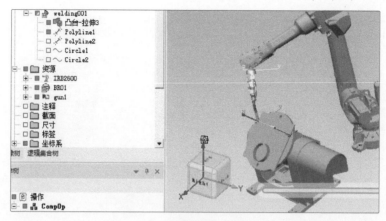

图 5-35

23　从图5-35可以看到，机器人的停放位置是不正确的，机器人焊接前和焊接完成后都应停在起始位。选择【新建】/【新建操作】/【新建通用机器人操作】菜单命令，按图5-36所示进行设置，完成后单击【确定】按钮。右击机器人，【姿态编辑器】选择【DOWN】姿态，然后单击【添加当前位置】按钮，生成【via】坐标，如图5-37所示。

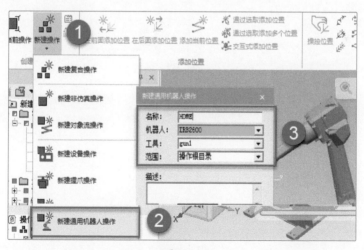

图 5-36

24　按【Ctrl+C】组合键复制【HOME】和【Op】，按【Ctrl+V】组合键粘贴，然后按图5-38所示进行排布。复制的【Op】是从【HOME】到【line】的，需要改成从【line】到【HOME】，意思是返回原来的位置，如图5-39所示。

图 5-37

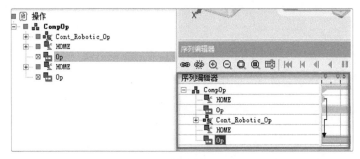

图 5-38

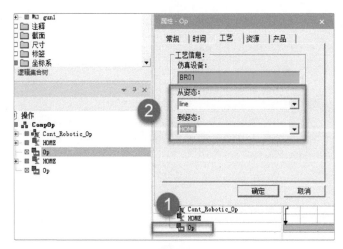

图 5-39

25 将各仿真进行连接。依次选中【HOME】和【OP】，然后单击【链接】按钮🔗进行连接，如图5-40所示。

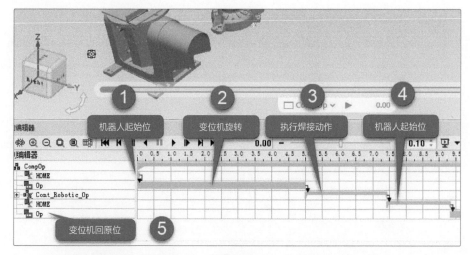

图 5-40

至此便完成了直线的仿真生成，单击【播放】按钮▶，可以看到在开始时，变位机进行旋转，如图5-41所示，然后机器人进行动作，完成后机器人、变位机依次回到原位。

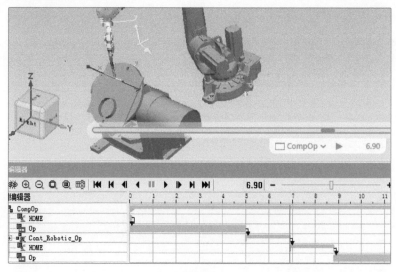

图 5-41

由于篇幅有限，另一段直线的仿真生成由读者自行尝试，其方法和上述基本一致，此处不讲述（视频中会讲述）。

5.2 机器人焊接圆弧仿真

上节讲解了基于变位机和机器人姿态调整来焊接直线，这些是比较简单的操作。在焊接圆弧时，需要变位机和机器人同时进行角度变换，本节讲解基于附加轴和机器人焊枪角度变换的操作。

1. 选择【Circle1】圆弧作为焊接仿真。选中【Circle1】，单击【由曲线创建连续制造特征】按钮，如图5-42所示。系统弹出对话框，按图5-43所示进行设置，完成后单击【确定】按钮。

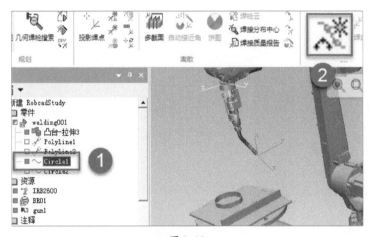

图 5-42

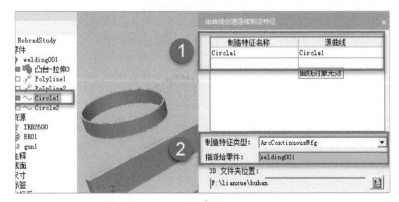

图 5-43

2　接下来对圆弧进行投影。选中左下角生成的仿真，然后单击【投影弧焊焊缝】按
　钮，在弹出的对话框中将特征展开，如图5-44所示。

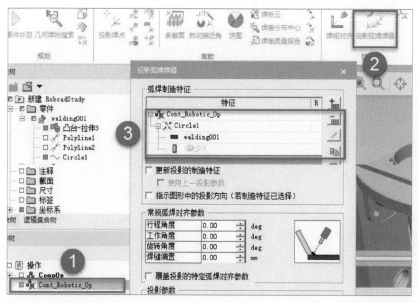

图5-44

3　双击图5-44中步骤③的位置，弹出【编辑制造特征数据】对话框，选择【面】，
　选择零件的底面作为零件的【投影底面】，如图5-45所示。

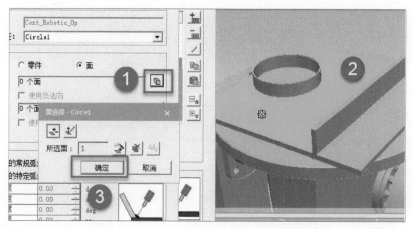

图5-45

4 用同样的方法确定【投影侧面】，选择两个圆弧面作为侧面，具体操作方法如图5-46所示，完成后单击【确定】按钮返回【投影弧焊焊缝】对话框，然后单击【确定】按钮，图5-47中【Circle1】右侧的【√】表示成功生成。

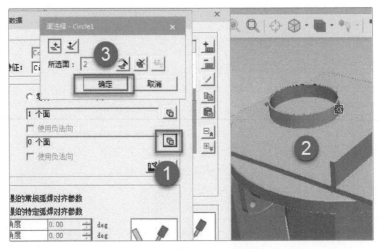

图 5-46

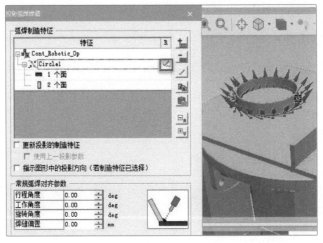

图 5-47

5 播放仿真，可以看到机器人的动作方向不对，焊枪在机器人底部运行了。选中仿真，然后单击【翻转曲面上的位置】按钮，如图5-48所示，将焊枪的运行动作翻转180°。再次运行仿真，可以发现达到了预期的效果。

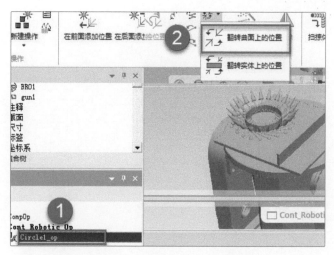

图 5-48

6 为机器人添加附加轴。本节将机器人与变位机进行联动，故需要添加附加轴。右击机器人，选择【机器人属性】命令，并在【机器人属性】对话框中单击【外部轴】中的【添加】按钮，弹出【添加外部轴】对话框。分别将变位机的【J1】【J2】轴添加到附加轴，如图 5-49、图 5-50 所示。

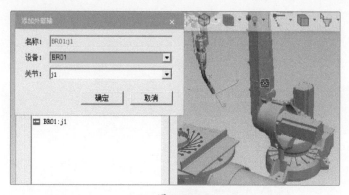

图 5-49

7 展开【Circle1_op】，如图 5-51 所示可以看到共生成了 22 个路径。机器人围着圆转一圈，这样使得机器人、变位机的摆动较大，可以将圆分两次焊接。选中【Circle1_op】后按【Ctrl+C】和【Ctrl+V】组合键，并重命名为"Circle2_op"。然后将"Circle1_1s1"至"Circle1_1s11"作为一组，如图 5-52 所示，"Circle1_1s12"至"Circle1_1s22"作为一组。

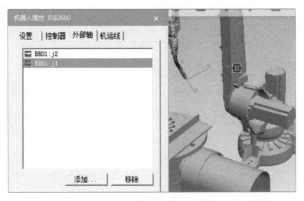

图 5-50

图 5-51

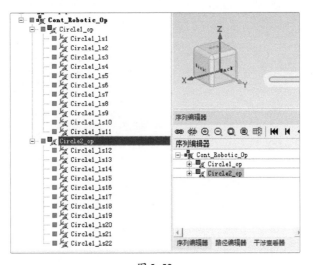

图 5-52

8 将【Circle1_op】置于当前，选中【Circle1_1s1】，单击【设置外部轴值】按钮，在弹出的对话框中单击【跟随模式】按钮，如图5-53所示。

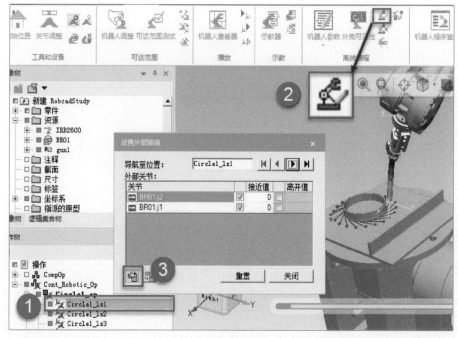

图 5-53

9 选择并填入【接近值】,【J2】为"90"、【J1】为"-45"，可以看到变位机将零件进行旋转，这时工件的焊接工位与焊枪正对，如图5-54所示。

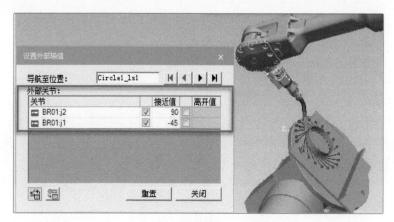

图 5-54

10 圆的半圈是180°，这里按11份等分，180÷11≈16.36，四舍五入，按20来计算，即变位机每次减少20°，让变位机动，焊枪尽量不动。单击【播放】按钮▶️，然后在【J2】的【接近值】填入"70"，如图5-55所示。

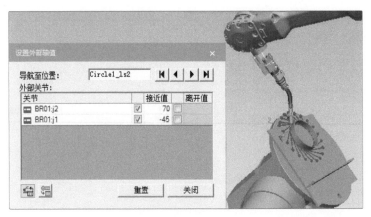

图 5-55

11 让变位机进行转动，而焊枪尽量不动，故变位机的【J2】轴在焊接时不断变化角度，将【J2】轴分别进行以下设置。

- 【Circle1_1s3】的【J2】轴的【接近值】为"50"。
- 【Circle1_1s4】的【J2】轴的【接近值】为"30"。
- 【Circle1_1s5】的【J2】轴的【接近值】为"10"。
- 【Circle1_1s6】的【J2】轴的【接近值】为"−10"。
- 【Circle1_1s7】的【J2】轴的【接近值】为"−30"。
- 【Circle1_1s8】的【J2】轴的【接近值】为"−50"。
- 【Circle1_1s9】的【J2】轴的【接近值】为"−70"。
- 【Circle1_1s9】的【J2】轴的【接近值】为"−90"。
- 【Circle1_1s11】的【J2】轴的【接近值】为"−110"。

图5-56所示为最终的设置效果，完成后单击【关闭】按钮关闭对话框。

12 单击【播放】按钮▶️，可以看到变位机不断变化角度，而焊枪基本上无较大摆动，达到了要求，如图5-57所示。

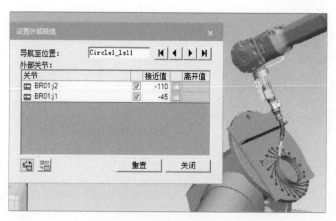

图 5-56

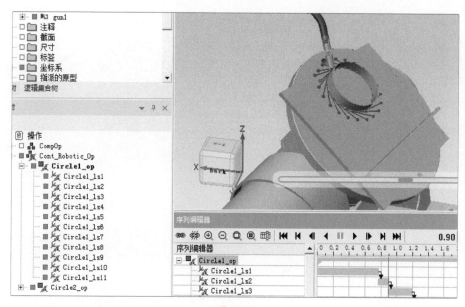

图 5-57

13 接下来用上述的方法对【Circle2_op】进行设置，具体过程略（视频会有讲解和操作）。可以看到上面的仿真是没有起点、终点的，且位置不对，所以接下来设置起点和终点，包括变位机完成后的归位，图 5-58 所示为仿真初始状态。

14 新建设备操作，【到姿态】为 "HOME"，如图 5-59 所示。右击左下角的【操作】并选择【新建复合操作】命令，将【Op1】和【Cont_Robotic_Op】拖入【CompOp1】中。复制【Op1】，并将其与焊接仿真进行连接，如图 5-60 所示。

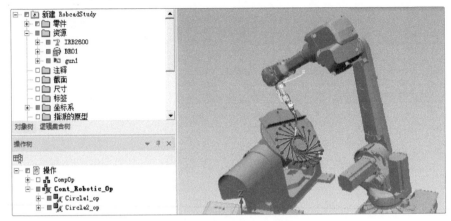

图 5-58

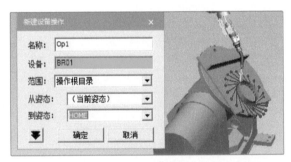

图 5-59

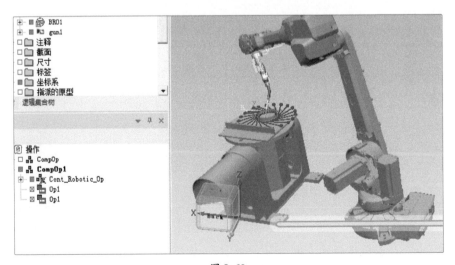

图 5-60

15 从图5-60可以看出，机器人的位置不是我们想要的，我们想要的是机器人从起点开始向焊接的位置运动。新建一个通用机器人操作，如图5-61所示。将机器人的【姿态】调整到【DOWN】状态，如图5-62所示。

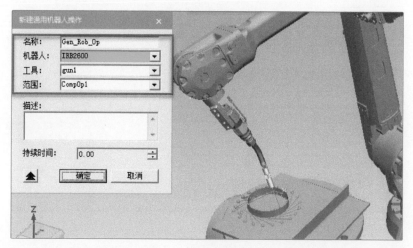

图 5-61

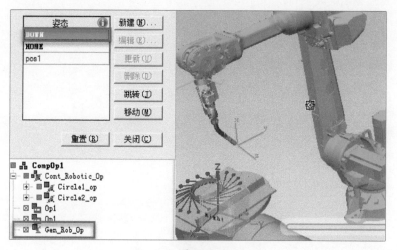

图 5-62

16 选中【Gen_Rob_Op】并且单击【添加当前位置】按钮，生成"via1"，如图5-63所示。

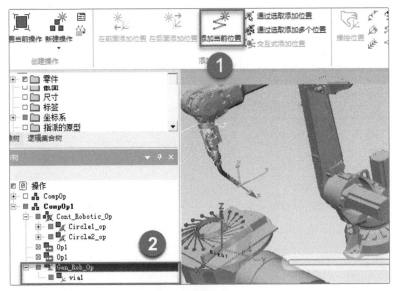

图 5-63

17 复制【Gen_Rob_Op】，按图5-64所示对各仿真进行连接，单击【播放】按钮▶，
可以看到预期的效果。

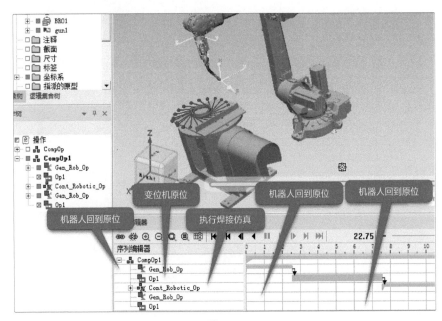

图 5-64

18 再新建一个复合操作，将【CompOp】【CompOp1】拖到【CompOp2】中，并对
其进行连接，以达到动作衔接流畅的效果，如图5-65所示。

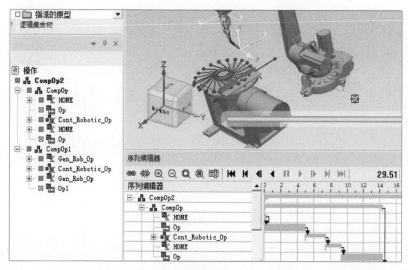

图 5-65

机器人的动作、起点、终点还可以继续优化，以达到跟实际中的效果。在实际
焊接中，圆的焊接一般是一次性完成的，中途不停顿。

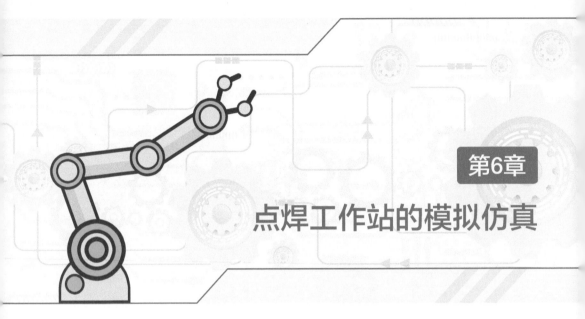

第6章

点焊工作站的模拟仿真

　　Process Simulate最开始应用于汽车主机厂生产线的工艺仿真，强大的功能和可观性，使生产过程变得可视化。另外，其强大的离线调试功能更是让依赖机器人的生产线变得十分简单、易用，更换产品时更快。本章讲解点焊工作站的模拟仿真，主要讲解以下3个重要内容。

- 焊点坐标的导出与建立。
- 焊枪的定义。
- 点焊工艺仿真。

本章将用到CATIA软件，故读者需要提前安装好CATIA软件。

6.1　焊点坐标的导出与建立

　　汽车主机厂一般使用CATIA软件进行设计，其中包括零件、夹具、焊点等信息。焊点的模型一般单独存放在一个文件里，故需要将焊点信息导出来并生成坐标信息，然后从Process Simulate导入坐标文件，生成焊点。

　　生成焊点的方式多种多样，本节从CATIA软件里面导出坐标信息，生成坐标文件后导入PDPS。图6-1为在CATIA软件中的焊点信息的模型。

1 使用CATIA软件打开存放焊点的文件，如图6-2所示。将文件另存为IGS格式，如图6-3所示，完成后关闭文件。

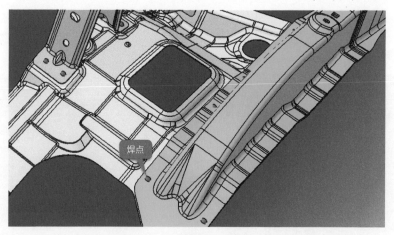

图6-1

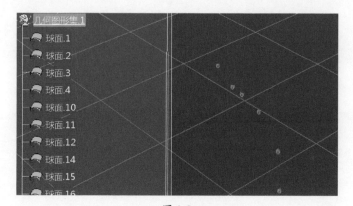

图6-2

2 单击右下角的【测量间距】按钮，在弹出的对话框中单击【测量项】按钮，在【结果】下方选中【保持测量】，如图6-3所示。

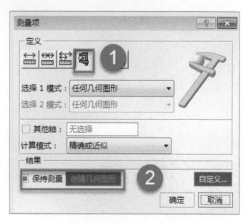

图6-3

3 单击焊点，系统会生成焊点的坐标信息，如图6-4所示。依次单击各焊点，图
6-5所示为生成的坐标信息。

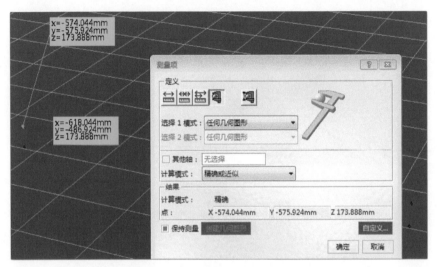

图 6-4

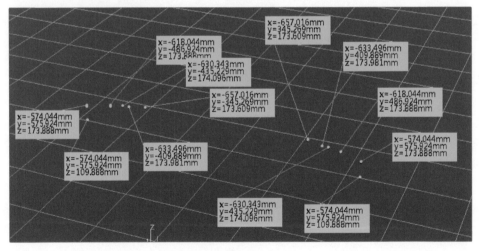

图 6-5

4 单击【设计表】按钮■，在弹出的【创建设计表】对话框中按图6-6所示进行设
置，完成后单击【确定】按钮，弹出【选择要插入的参数】对话框，【过滤器类
型】选择"长度"，如图6-7所示，将【要插入的参数】列表中的参数全部移到

【已插入的参数】列表中，如图6-8所示；单击【确定】按钮，选择保存的路径
和名称，弹出图6-9所示的坐标信息，确认无误后，单击【确定】按钮生成坐标
文件，图6-10所示为生成的坐标文件。

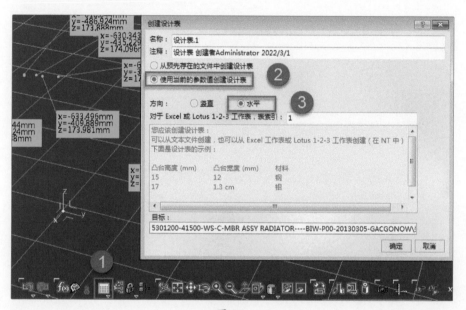

图 6-6

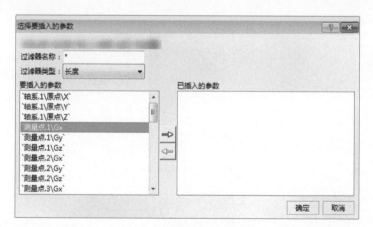

图 6-7

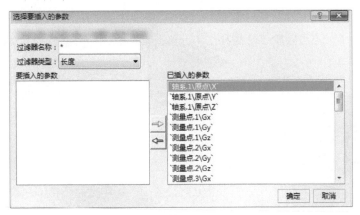

图 6-8

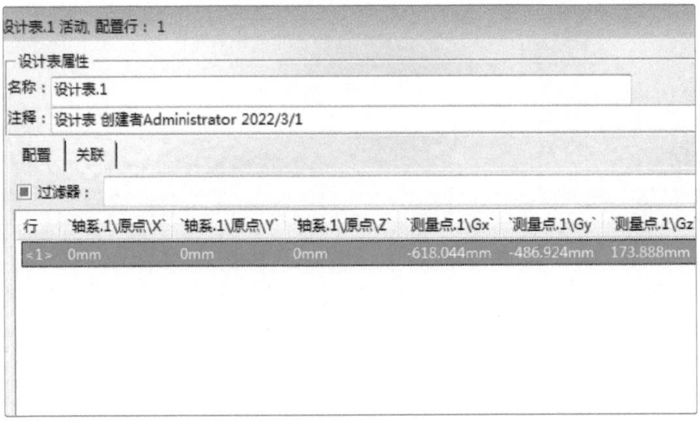

图 6-9

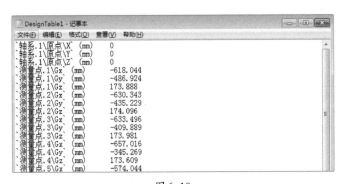

图 6-10

5 在Excel表格中，将数据整理成图6-11所示的形式，分别列出"X""Y""Z"，然后将各点的值填入其中。

			X	Y	Z
`轴系.1\原点\X` (mm)		0			
`轴系.1\原点\Y` (mm)		0			
`轴系.1\原点\Z` (mm)		0			
`测量点.1\Gx` (mm)	-618.044		-618.044	-486.924	173.888
`测量点.1\Gy` (mm)	-486.924				
`测量点.1\Gz` (mm)	173.888				
`测量点.2\Gx` (mm)	-630.343		-630.343	-435.229	174.096
`测量点.2\Gy` (mm)	-435.229				
`测量点.2\Gz` (mm)	174.096				
`测量点.3\Gx` (mm)	-633.496		-633.496	-409.889	173.981
`测量点.3\Gy` (mm)	-409.889				
`测量点.3\Gz` (mm)	173.981				
`测量点.4\Gx` (mm)	-657.016		-657.016	-345.269	173.609
`测量点.4\Gy` (mm)	-345.269				
`测量点.4\Gz` (mm)	173.609				
`测量点.5\Gx` (mm)	-574.044		-574.044	-575.924	109.888
`测量点.5\Gy` (mm)	-575.924				
`测量点.5\Gz` (mm)	109.888				
`测量点.6\Gx` (mm)	-574.044		-574.044	-575.924	173.888
`测量点.6\Gy` (mm)	-575.924				
`测量点.6\Gz` (mm)	173.888				
`测量点.7\Gx` (mm)	-657.016		-657.016	345.269	173.609

图6-11

6 将数值导入对应的"X""Y""Z"列中，并定义"ExternalId""name"等值，如图6-12所示。至此便完成了对焊点坐标的导出及建立。

	A	B	C	D	E	F
	Class	ExternalId	name	X	Y	Z
	PmWeldPoint	VA01	VA01	-618.044	-486.924	173.888
	PmWeldPoint	VA02	VA02	-630.343	-435.229	174.096
	PmWeldPoint	VA03	VA03	-633.496	-409.889	173.981
	PmWeldPoint	VA04	VA04	-657.016	-345.269	173.609
	PmWeldPoint	VA05	VA05	-574.044	-575.924	109.888
	PmWeldPoint	VA06	VA06	-574.044	-575.924	173.888
	PmWeldPoint	VA07	VA07	-657.016	345.269	173.609
	PmWeldPoint	VA08	VA08	-633.496	409.889	173.981
	PmWeldPoint	VA09	VA09	-630.343	435.229	174.096
	PmWeldPoint	VA10	VA10	-618.044	486.924	173.888
	PmWeldPoint	VA11	VA11	-574.044	575.924	173.888
	PmWeldPoint	VA12	VA12	-574.044	575.924	109.888

图6-12

7 打开Process Simulate，单击【从文件导入制造特征】按钮，并在弹出的【导入制造特征】对话框中单击按钮，如图6-13所示。找到坐标文件，然后单击【导入】按钮，如图6-14所示。图6-15所示为导入生成的焊点特征。

提示

焊点的导出除上述方法外，还有另存为IGS格式的方法，这两种方法的原理基本接近；另外，还可以使用第三方软件（如"焊点助手"）导出数据，此类软件可以直接生成坐标文件；在从CATIA软件导出的数据中，心量是Z轴向上的方向，这与Process Simulate的方向是一致的，不需要再调节Z轴方向。

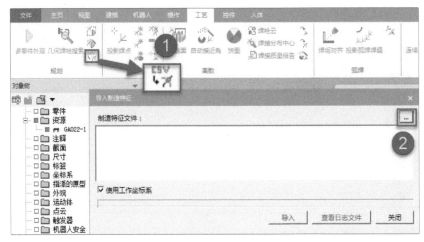

图 6-13

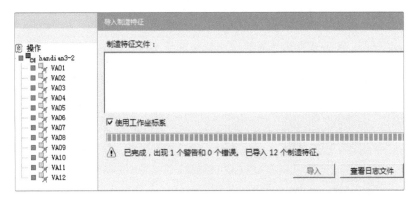

图 6-14

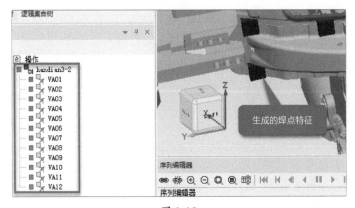

图 6-15

6.2 焊枪的定义

1 导入焊枪，并且进入编辑模式，如图6-16所示。选中焊枪，打开【运动学编辑器】对话框新建【lnk1】和【lnk2】连杆，将焊枪的部分定义为【lnk1】连杆，即表示固定的部分，如图6-17所示。

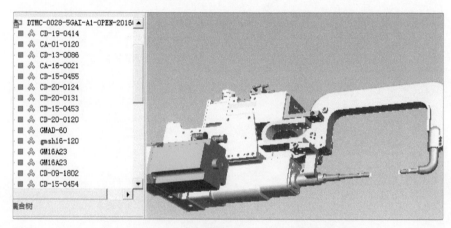

图6-16

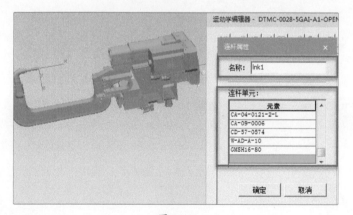

图6-17

2 将需要运动的部件拖入【lnk2】连杆中，如图6-18所示，单击【确定】按钮。

3 在焊枪固定端的圆头部分建立一个坐标，如图6-19所示，然后通过移动坐标的方式将坐标移动到圆头处，完成后将坐标重命名为"TCP"，如图6-20所示。

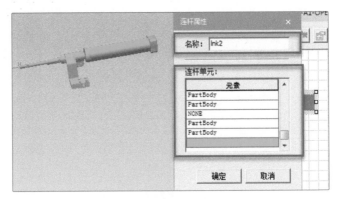

图 6-18

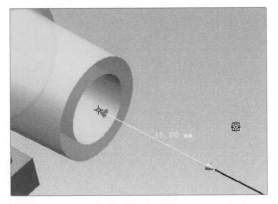

图 6-19

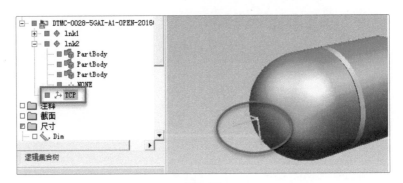

图 6-20

4 在焊枪的法兰盘创建坐标，并重命名为"BASE"，如图6-21所示。

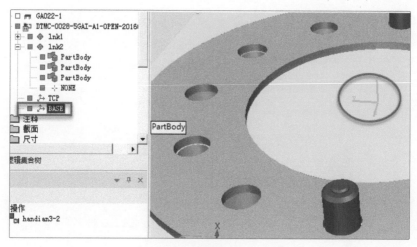

图 6-21

5 在【运动学编辑器】对话框中，将【lnk1】和【lnk2】连杆进行连接，设置【关节类型】为"移动"，【限制类型】为"常数"，【上限】为"120"、【下限】为"0"，如图 6-22 所示。

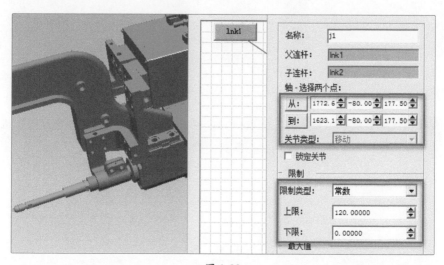

图 6-22

6 创建【OPEN】和【CLOSE】姿态，如图 6-23、图 6-24 所示，图 6-25 所示为完成姿态创建的效果。

141

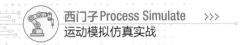

图 6-23

图 6-24

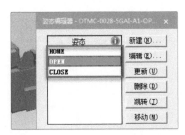

图 6-25

7 单击【工具定义】按钮，设置【工具类】【TCP坐标】【基准坐标】，如图6-26
所示，设置完成后单击【确定】按钮。执行【CLOSE】和【OPEN】姿态，查看
是否符合我们的要求，如图6-27、图6-28所示。若符合，则完成焊枪的定义。

图 6-26

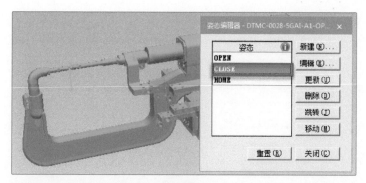

图 6-27

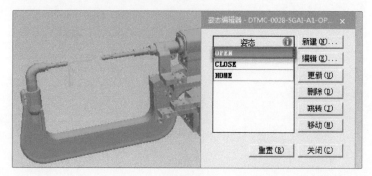

图 6-28

6.3　点焊工艺仿真

图 6-29 所示为点焊工作站的布局，包含机器人、焊枪、工作台。我们需要将焊枪安装到工业机器人上，再生成焊点。

本节介绍另一种生成焊点的方式（使用基于已有的焊点特征生成焊点），使读者在真实工作时能更灵活地操作。

图 6-29

1 选中【Welding spot】，进入编辑模式，图6-30所示为焊点模型特征。选中【资源树】中的【零件】，单击【新建零件】按钮，在弹出的【新建零件】对话框中选择【PartPrototype】，如图6-31所示。单击【确定】按钮生成零件，然后将焊点、零件拖入相应的文件中，并重命名，如图6-32所示。

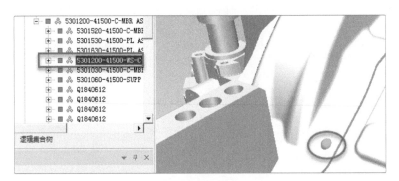

图 6-30

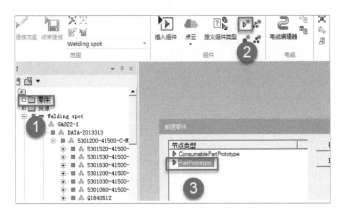

图 6-31

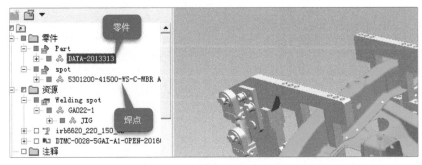

图 6-32

2 新建机器人的姿态，并且命名为"DOWN"，如图6-33所示。

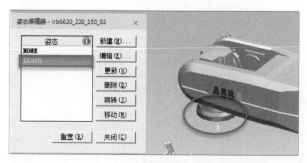

图6-33

3 将焊枪安装到机器人上，如图6-34所示。

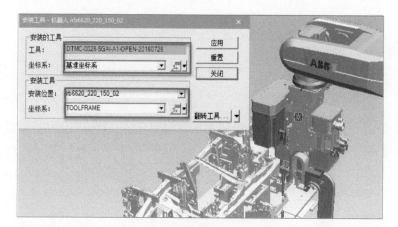

图6-34

4 将其余的焊点特征隐藏，以便进行下一步的工作，如图6-35所示。

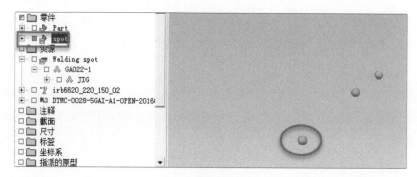

图6-35

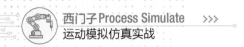
⑤ 单击【通过选取创建焊点】按钮✳，然后单击各圆点，系统自动生成焊点特征，如图6-36所示。依次单击各焊点特征，创建图6-37所示的焊点。

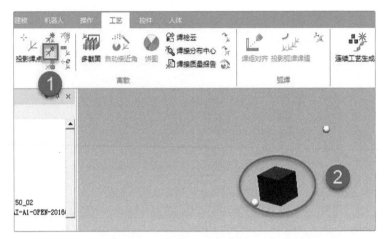

图 6-36

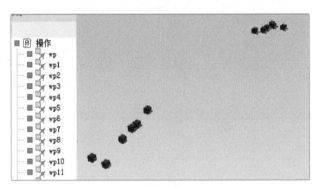

图 6-37

⑥ 单击【投影焊点】按钮，选择生成的焊点，将焊点投影到零件【Part】上，并选择【仅投影到近似几何体上】，如图6-38所示。单击【项目】按钮，生成焊点后退出，最终效果如图6-39所示。

⑦ 选择【操作】/【新建操作】/【新建焊接操作】菜单命令，在弹出的【新建焊接操作】对话框中选择机器人和焊点，如图6-40所示，单击【确定】按钮完成新建焊接操作。

图 6-38

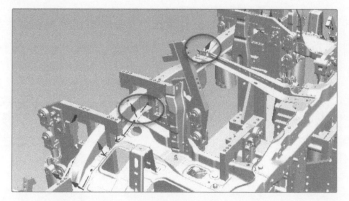

图 6-39

图 6-40

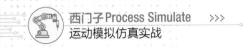
8 单击【获取焊点方向】按钮 ，选择焊点特征，单击【应用】按钮，系统生成坐标，如图6-41所示。

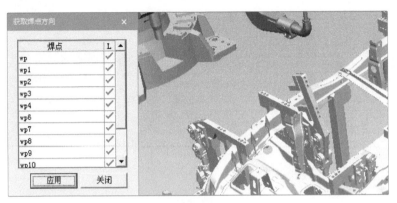

图6-41

9 单击【可达范围测试】按钮，选择机器人、焊点，若位置全部可达到，系统会在右侧显示☑，然后在【放置操控器】对话框中设置向Z轴正方向移动700mm，图6-42所示表示所有焊点均可达到。

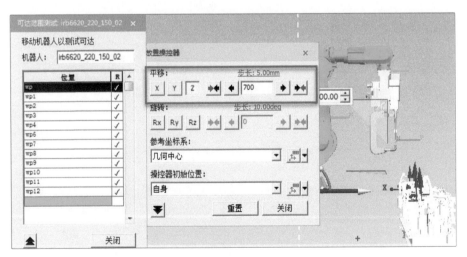

图6-42

10 单击【智能放置】按钮 ，选择机器人、位置、调节搜索区域的范围，单击【开始】按钮，系统进行计算。对话框右下角蓝色部分表示完全可达区域，可根据实际需要双击蓝色部分，将机器人移到相应位置。机器人的位置符合要求，如

图6-43所示。

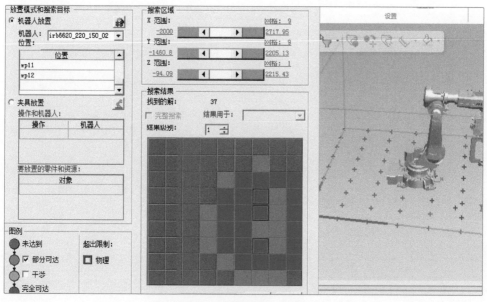

图 6-43

11 将【Weld_Op】添加到【路径编辑器】中,然后单击【添加当前位置】按钮,
重命名为"Home",并进行复制。因为在上一步生成焊点时未注意顺序,故按
图6-44所示调节焊接的顺序。

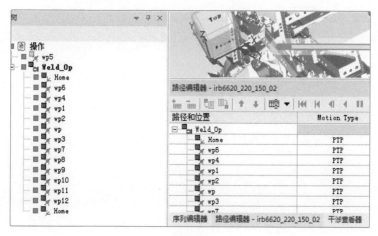

图 6-44

12 选中【wp6】，单击【饼图】按钮，拖动滑动条将指针对准蓝色区域的中间，如
图 6-45 所示，完成后单击【确定】按钮。图 6-46 所示为调节后的效果。

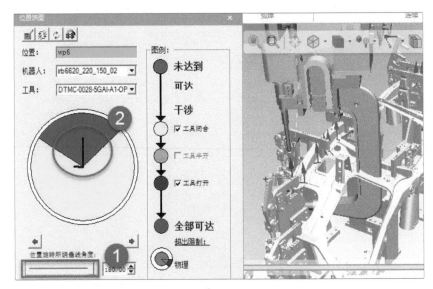

图 6-45

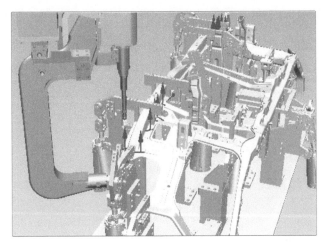

图 6-46

13 依次选中各焊点，并执行图 6-45 所示的步骤，通过拖动滑动条将指针对准蓝色
区域的中间。图 6-47 为最终调节好的效果，可以看到焊枪的弓形位置是朝外的。

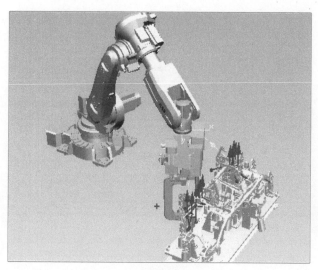

图6-47

14 单击【干涉查看器】，然后单击【新建干涉集】按钮 ，弹出【干涉集编辑器】对话框，在【检查】中添加工装夹具、零件，在【与】中添加焊枪，如图6-48所示。单击【干涉选项】按钮 ，在【干涉选项】中选择【检查到干涉时停止仿真】【检查到干涉时播放声音】，这样有利于找出问题，如图6-49所示。

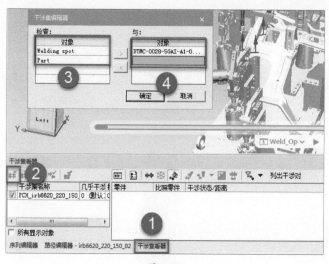

图6-48

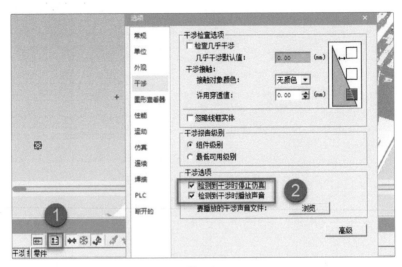

图 6-49

15 右击【wp1】并选择【在前面添加位置】命令，沿 Y 轴移动 −400mm，如图 6-50 所示。这样可以使焊枪在移动时先向下移动，然后再移动到【wp1】点。

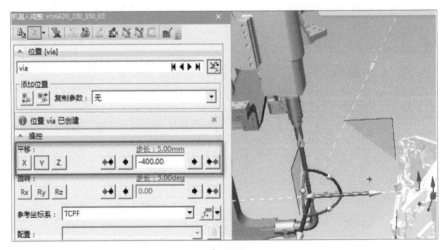

图 6-50

16 在【wp4】后添加位置，沿 Y 轴移动 −340mm，让焊枪在工作完成后先退出【wp4】点，然后再前往下一个焊点，如图 6-51 所示。

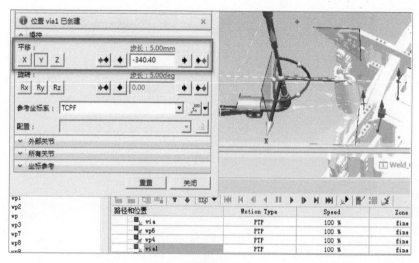

图 6-51

17 在【vial】后添加位置，让焊枪沿 X 轴移动 −420mm，如图6-52所示，完成后单击【关闭】按钮，生成【via2】。

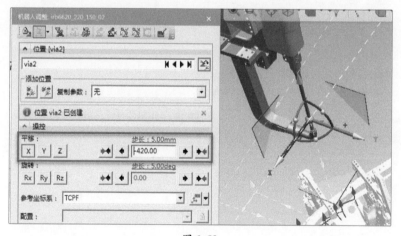

图 6-52

18 在【wp3】后添加位置，让焊枪沿 Y 轴移动 −320mm，如图6-53所示，完成后单击【关闭】按钮，生成【via3】。

19 在【via3】后添加位置，让焊枪沿 X 轴移动 −630mm，如图6-54所示，完成后单击【关闭】按钮，生成【via4】。

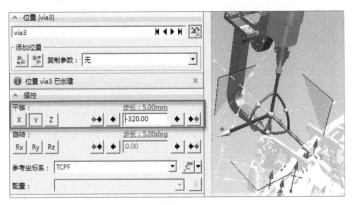

图 6-53

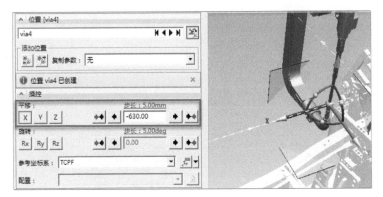

图 6-54

20 在【wp9】后添加位置，沿 Z 轴移动 -30mm，再沿 Y 轴移动 -500mm，如图 6-55、图 6-56 所示，完成后单击【关闭】按钮，生成【via5】。

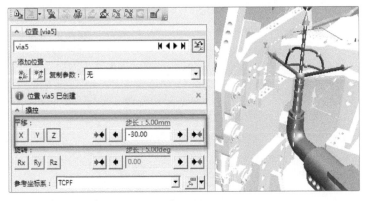

图 6-55

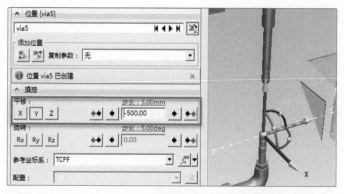

图 6-56

21 在【via5】后添加位置，沿 Rz 轴旋转 $-50°$，再沿 X 轴移动 -600mm，如图 6-57、
图 6-58 所示，完成后单击【关闭】按钮，生成【via6】。

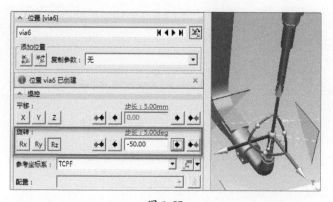

图 6-57

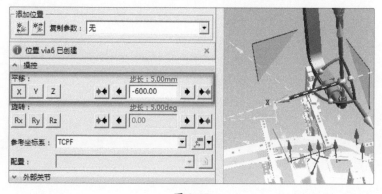

图 6-58

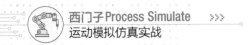
22 在【wp12】后添加位置，沿 Z 轴移动 −35mm，沿 Y 轴移动 −250mm，如图 6-59、
图 6-60 所示，完成后单击【关闭】按钮，生成【via7】。

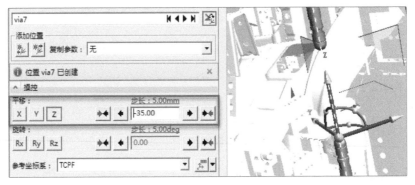

图 6-59

图 6-60

23 至此便完成了所有路径的编辑，单击
【播放】按钮▶，焊枪有序进行仿真，
如图 6-61 所示。

提示

　　在编辑各路径时，不一定要按上述步骤
进行操作，只要能避开碰撞即可；此案例中
焊枪与底座可能会有干涉，这就需要更改底
座的设计，因为焊枪比底座贵且改底座比较
容易。

图 6-61

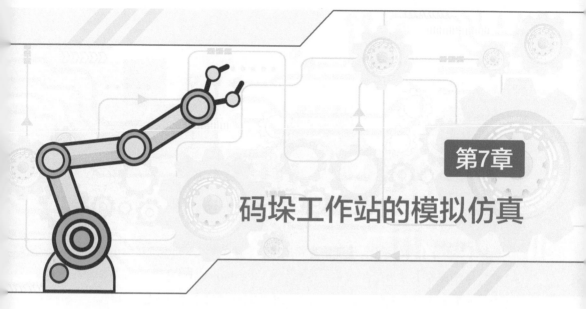

码垛工作站的模拟仿真

  码垛工作站在自动化行业中的使用量最大，广泛应用于食品、日化、化工、五金等需要包装的生产线。因此，掌握码垛工作站的模拟仿真是十分重要的。

  图7-1所示为常见的一拖二码垛工作站，使用机器人将产品分别码在两个工位。整个码垛工作站包含的主要设备如下。

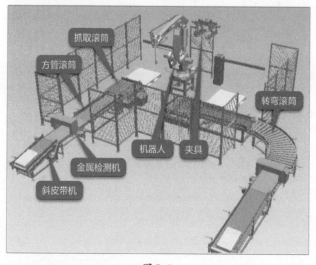

图 7-1

- 斜皮带机——对接上游包装设备。

- 金属检测机——检测产品里面是否含有金属。

- 转弯滚筒——将产品转90°输送。

- 方管滚筒——将包装产品震平。

- 抓取滚筒——产品到达后，由夹具进行抓取。

7.1 产品转弯输送仿真

从图7-1可以看出，产品开始输送时，是斜着向前输送的，通过金属检测机后，需要转90°，这种类型的布局在实际中应用广泛。

1 选择【操作】/【新建操作】/【新建对象流操作】菜单命令，如图7-2所示，弹出【新建对象流操作】对话框，设置【对象】为"PartPrototype2_1"，如图7-3所示。单击【确定】按钮生成仿真，并将其加入【路径编辑器】中，如图7-4所示。

图 7-2

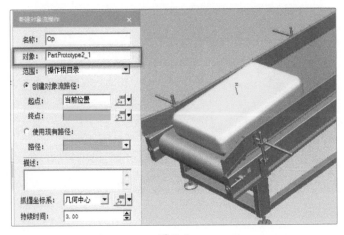

图 7-3

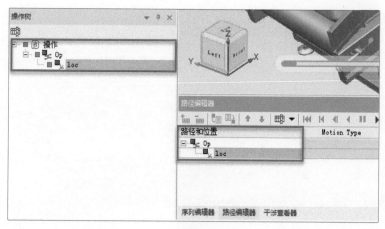

图7-4

2 右击【loc】并选择【在后面添加位置】命令，在弹出的【放置操控器】对话框中，单击【平移】下面的【Y】按钮，并输入"−1800"，如图7-5所示。为了使过程更加逼真，将产品贴近输送皮带，沿Z轴移动−140mm，如图7-6所示。

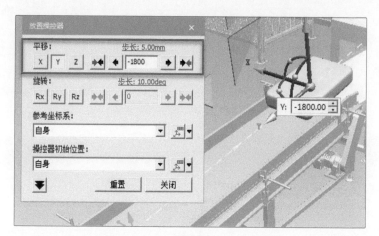

图7-5

3 用同样的方法，添加路径。为了使仿真更加逼真，在产品向前运动并平躺前，应向前运动。将产品沿Y轴移动−150mm，如图7-7所示，添加【loc2】路径。

4 添加【loc3】路径，旋转Rx轴，角度为7.5°，如图7-8所示，这时产品是平躺在金属检测机的皮带上的。

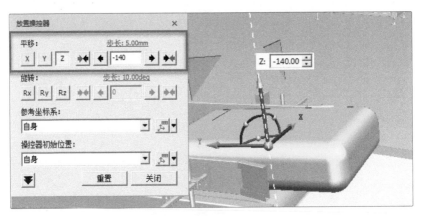

图 7-6

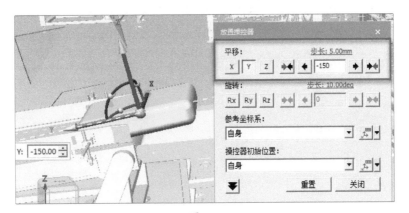

图 7-7

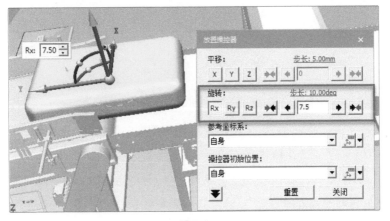

图 7-8

5 添加【loc4】路径，沿 Y 轴移动 −1600mm，如图 7-9 所示。

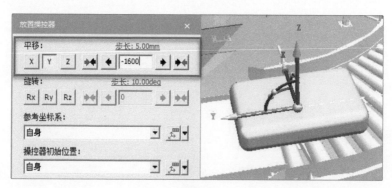

图 7-9

6 添加【loc5】路径，沿 Y 轴移动 −400mm，如图 7-10 所示。旋转 Rz 轴，旋转角度
为 15°，将产品旋转 15°，如图 7-11 所示。

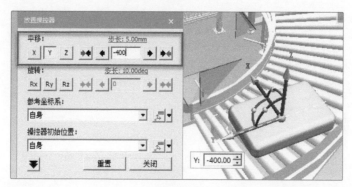

图 7-10

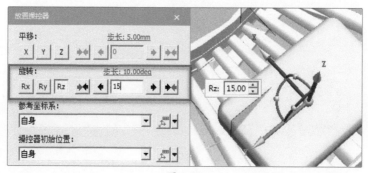

图 7-11

7 添加【loc6】路径，沿 Y 轴移动 −300mm，然后旋转 Rz 轴 15°，如图 7-12、图 7-13 所示。

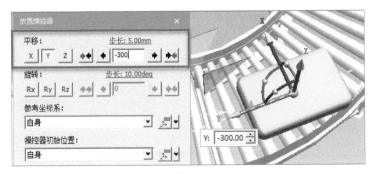

图 7-12

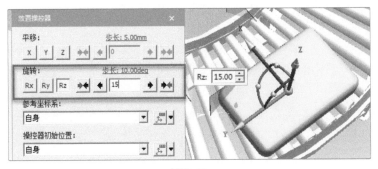

图 7-13

8 添加【loc7】路径，沿 Y 轴移动 −315mm，然后旋转 Rz 轴 10°，如图 7-14、图 7-15 所示。

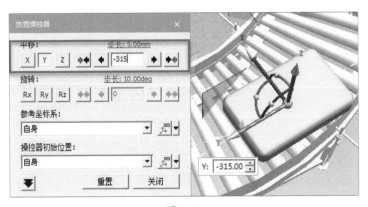

图 7-14

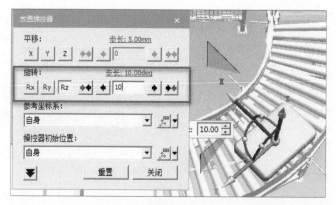

图 7-15

9 添加【loc8】路径，沿 Y 轴移动 -300mm，然后旋转 Rz 轴 $10°$，如图 7-16、图 7-17
所示。完成后可以看到产品太靠近边缘了，将产品沿 X 轴移动 100mm，如图 7-18
所示。

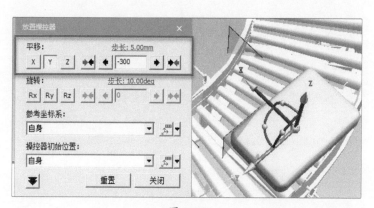

图 7-16

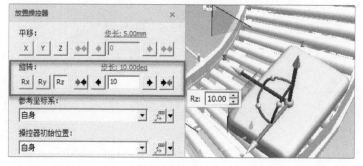

图 7-17

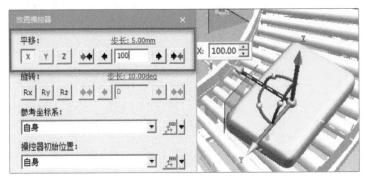

图 7-18

10 添加【loc9】路径，沿 Y 轴移动 -300mm，然后旋转 Rz 轴 10°，如图 7-19、图 7-20 所示。

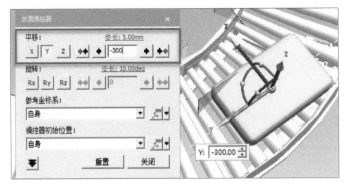

图 7-19

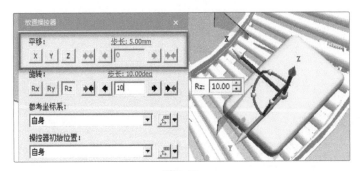

图 7-20

11 添加【loc10】路径，沿 Y 轴移动 -300mm，然后旋转 Rz 轴 10°，如图 7-21、图 7-22 所示。

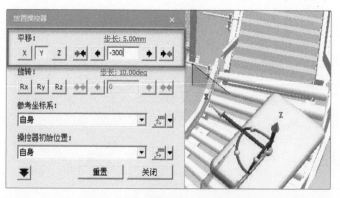

图 7-21

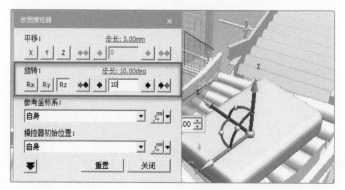

图 7-22

12 添加【loc11】路径，沿Y轴移动−200mm，然后旋转Rz轴15°，如图7-23、图7-24 所示。考虑到产品已经靠近边缘，沿X轴移动100mm，如图7-25所示。

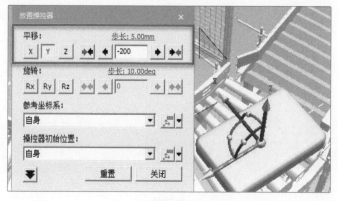

图 7-23

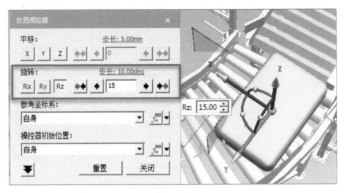

图 7-24

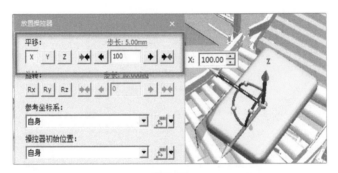

图 7-25

13 添加【loc12】路径，沿 Y 轴移动 −3050mm，然后旋转 Rz 轴5°，如图 7-26、图 7-27 所示，使产品到达输送带的末端。沿 X 轴移动270mm，如图 7-28 所示，使产品位于输送滚筒中间。

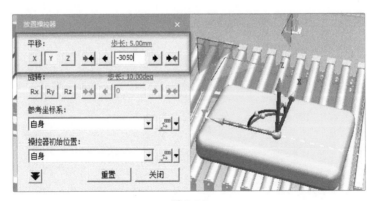

图 7-26

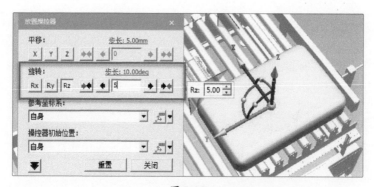

图 7-27

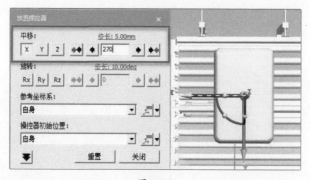

图 7-28

14 图7-29所示为生成的产品输送的模拟仿真，产品是先在斜皮带上向前输送，然后经过转弯滚筒，最终到达抓取滚筒的末端。

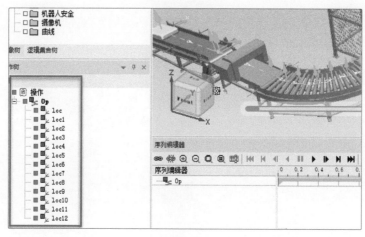

图 7-29

本节中90°转弯输送可以通过增加点的方式使运动更加平滑；本节添加路径的方式可用于AGV小车的路径仿真。

7.2 产品直线输送仿真

转弯输送完成后，接下来生成一段直线输送。其过程比较简单，也是按照前一节的方法添加路径。

1　选择【操作】/【新建操作】/【新建对象流操作】菜单命令，在弹出的对话框中选择零件，如图7-30所示。单击【确定】按钮，生成【Op1】。将【Op1】添加到【路径编辑器】中，从图7-31可以看出，起始序号为"loc13"。

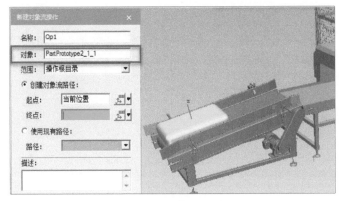

图7-30

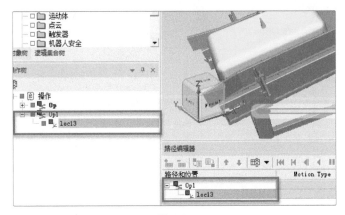

图7-31

2 右击【loc13】并选择【在后面添加位置】菜单命令，沿 Y 轴移动 -1000mm，如图 7-32 所示。单击【关闭】按钮，生成【loc14】路径。

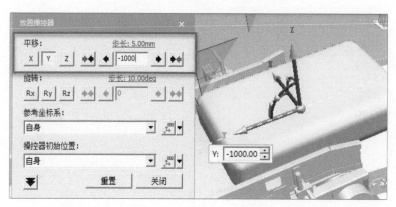

图 7-32

3 将产品沿 Rx 轴旋转 $7.5°$，如图 7-33 所示，产品平躺着，单击【关闭】按钮，生成【loc15】路径。

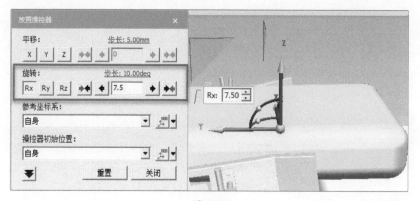

图 7-33

4 沿 Y 轴移动 -4250mm，将产品输送到最尾端，如图 7-34 所示；然后将产口置于居中位置，沿 X 轴移动 15mm，如图 7-35 所示；最后将产品沿 Z 轴移动 -45mm，使产品与输送滚筒贴合，如图 7-36 所示。完成后，单击【关闭】按钮，生成【loc16】路径。图 7-37 所示为生成的完整的输送模拟。

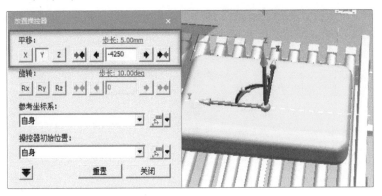

图 7-34

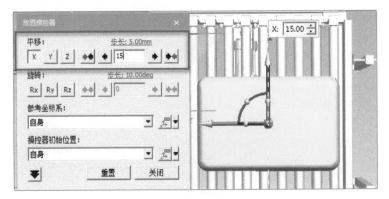

图 7-35

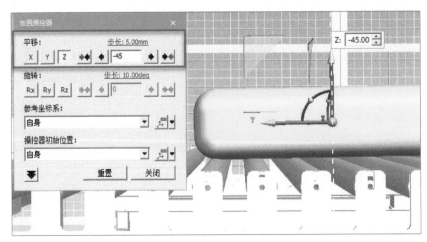

图 7-36

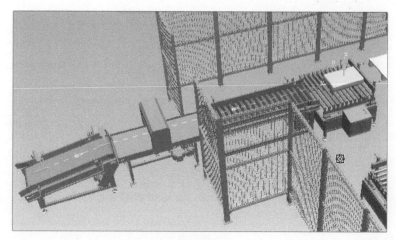

图7-37

7.3 产品码垛仿真

前面讲解了转弯输送、直线输送的模拟仿真，接下来讲解机器人抓取、放置的模拟仿真，图7-38所示为机器人和夹具。

图7-38

1 在安装夹具前，需要检查一下夹具是否定义为"握爪"。选中夹具并进入建模模式，进行工具定义，如图7-39所示。

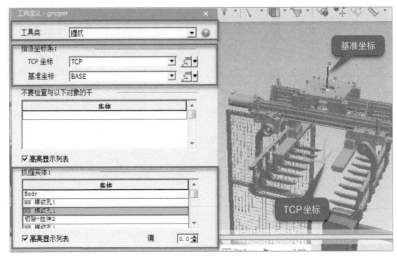

图 7-39

2　右击机器人并选择【安装工具】命令，如图7-40所示。在弹出的对话框中，按
图7-41所示进行设置，单击【应用】按钮，将夹具安装到机器人上。

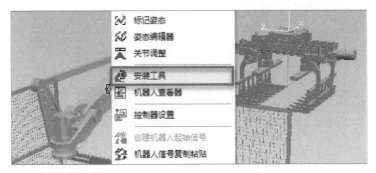

图 7-40

图 7-41

提示

　　若夹具在机器人上的方向不对，单击【翻转工具】按钮进行调整，如图 7-42 所示，符合要求后单击【确定】按钮完成夹具的安装。

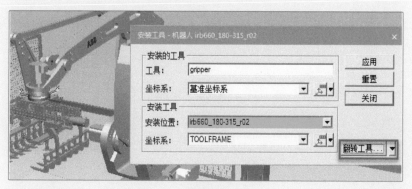

图 7-42

3　接下来要在垛盘上生成包装袋位于垛盘的坐标，具体坐标点如图 7-43 所示。包装袋的尺寸为：650mm × 420mm × 150mm。

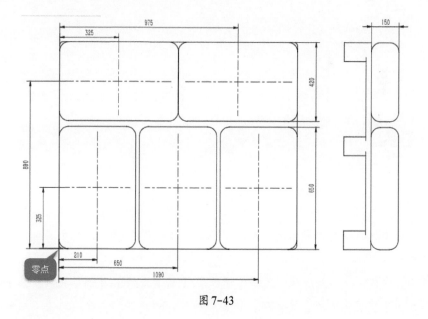

图 7-43

4　先建立一个零点，其坐标值为：X=0，Y=0，Z=75。命名为 "PR-0"，如图 7-44 所示，表示右边的原点坐标。选中【PR-0】，按【Ctrl+C】和【Ctrl+V】组合键

进行复制、粘贴，按图 7-45 所示进行重命名，然后按图 7-43 所示的值调整坐标的位置。

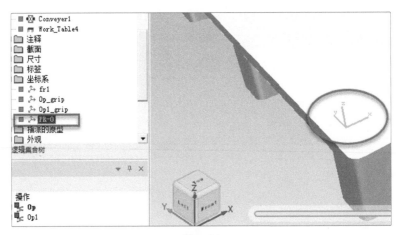

图 7-44

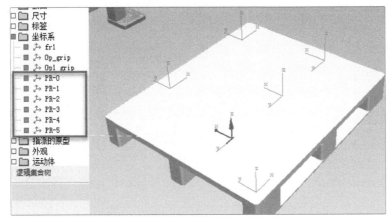

图 7-45

5. 新建一个抓取操作，命名为 "RP-START"，如图 7-46 所示，表示其为输送带的抓取点。

6. 接下来新建一个拾放操作，选择【操作】/【新建操作】/【新建拾放操作】菜单命令，设置机器人、夹具、拾放点等，如图 7-47 所示，完成后单击【确定】按钮生成抓取仿真。

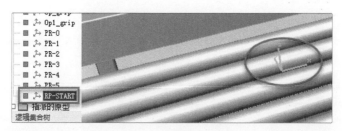

图 7-46

图 7-47

7 右击【操作树】里【操作】下的【新建复合操作】，按系统默认设置生成【CompOp】，并将【Op】和【irb660_180-315_r02_PNP_Op】拖到其中。将生成的【irb660_180-315_r02_PNP_Op】仿真添加到【路径编辑器】中，单击【添加当前位置】按钮，如图 7-48 所示，系统生成【via】路径，表示机器人的原点位置。

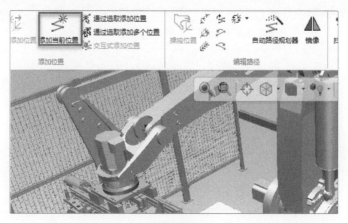

图 7-48

8 右击【拾取】并选择【在前面添加位置】命令，如图7-49所示。沿Z轴移动
1200mm，完成后单击【关闭】按钮，生成【via1】路径，如图7-50所示。

图 7-49

图 7-50

9 复制【via1】，在【路径编辑器】中将复制得到的【via1】放置到【拾取】的下
面，如图7-51所示。

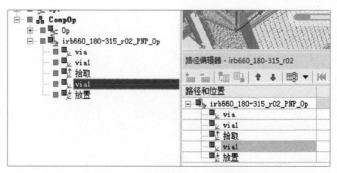

图 7-51

10 右击【放置】并选择【在后面添加位置】命令，如图7-52所示。沿Z轴移动1200mm，完成后单击【关闭】按钮，生成【via2】路径，如图7-53所示。复制【via2】，在【路径编辑器】中将复制得到的【via2】放置到【拾取】的下面，如图7-54所示。

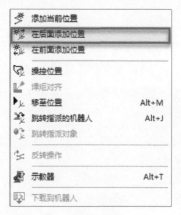

图 7-52

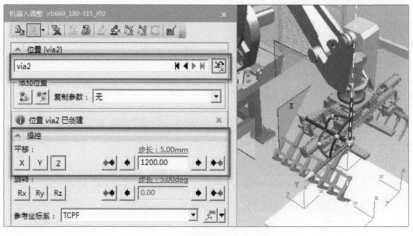

图 7-53

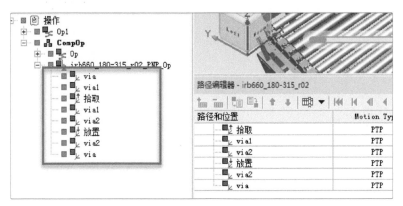

图 7-54

11 将【Op】和【irb660_180-315_r02_PNP_Op】进行连接，单击【播放】按钮▶，可以看到产品沿着路径输送到末端，然后机器人抓取产品并放置到垛盘上，完成后回到起始位，如图7-55所示。

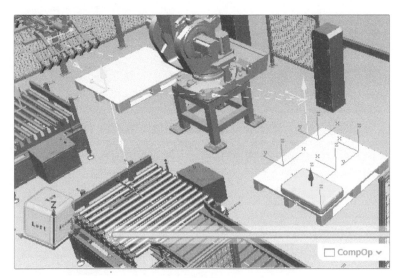

图 7-55

12 将原来的【PartPrototype2_1】重命名为"RP-01"，然后复制粘贴，并分别重命名为"RP-02""RP-03""RP-04""RP-05"，如图7-56所示。

13 新建一个复合操作，名称保持系统默认的"CompOp1"，然后将【CompOp1】拖入【操作】中，然后复制粘贴命令，并按图7-57所示进行重命名。

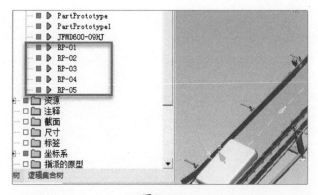

图 7-56

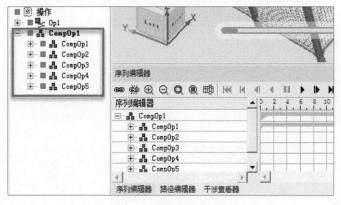

图 7-57

14 由于复制粘贴的操作是一样的，其位置、产品也一样，故需要将放置位置更新为
对应的位置。单击【CompOp2】，选中图7-58所示的【via2】【放置】【via2】，然
后选择【放置操作器】命令，沿 Y 轴平移440mm，如图7-59所示。

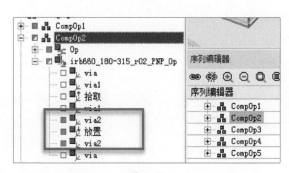

图 7-58

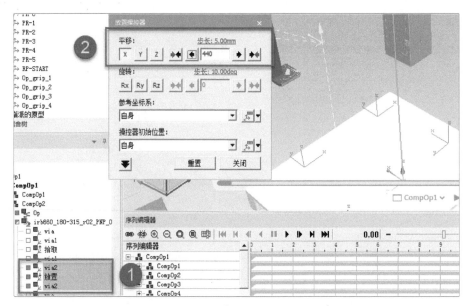

图 7-59

15 用同样的方法，对第三包产品的位置进行修改，如图7-60所示。

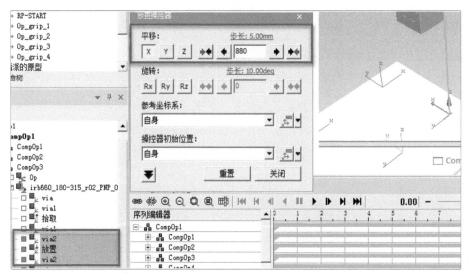

图 7-60

16 用同样的方法，对第四包产品的位置进行修改，如图7-61、图7-62所示。

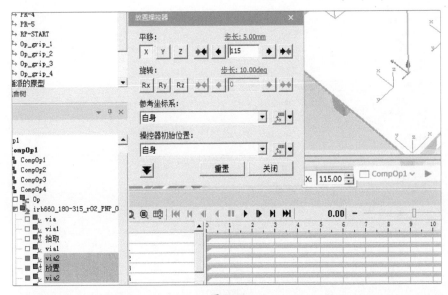

图 7-61

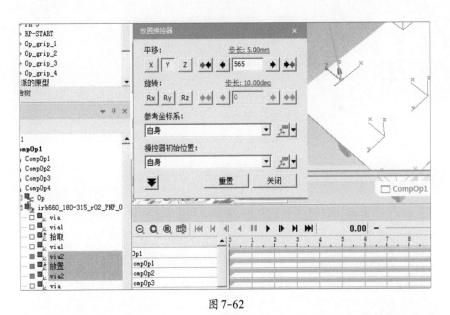

图 7-62

17 用同样的方法,对第五包产品的位置进行修改,如图7-63所示。至此便完成了五包产品的位置修改,按图7-64所示修改Y轴的值,图7-65所示为完成后的效果。

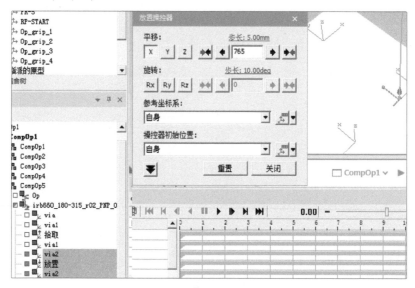

图 7-63

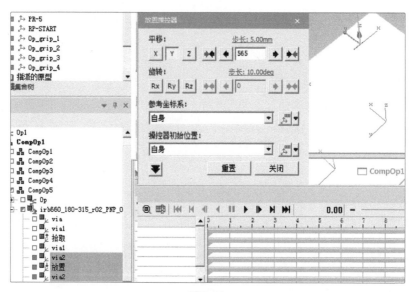

图 7-64

18 将【CompOp1】至【CompOp5】进行有序连接并播放仿真，可以发现第四包产品角度错误，如图7-66所示，需要调整位置。选中【via2】【放置】【via2】，然后选择【放置操控器】命令，【参考坐标系】选择"几何中心"，沿 Rz 轴旋转90°，如图7-67所示。用同样的方法对第五包产品的位置进行调整。

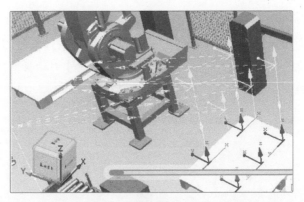

图 7-65

图 7-66

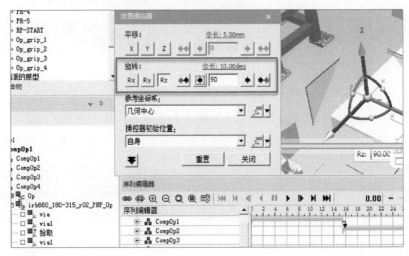

图 7-67

19 设置抓握对象。系统默认只抓取【RP-01】产品，但我们需要抓取【RP-01】~【RP-05】。选中夹具并选择【建模】/【运动学设备】/【设置抓握对象列表】菜单命令，如图7-68所示；在弹出的【设置抓握对象】对话框中，选中图7-69所示的【RP-01】~【RP-05】，单击【确定】按钮完成。

图 7-68

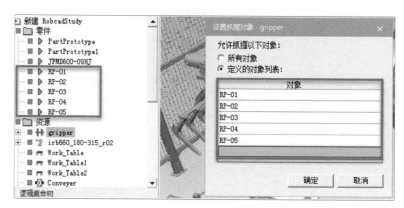

图 7-69

20 由于是复制粘贴的，故第二包产品的输送、码垛和产品【RP-01】一样，所以要将第二包产品重命名为"RP-02"。右击【Op】并选择【操作属性】命令，弹出【属性】对话框，【工艺信息】下的【仿真对象】选择"RP-02"，如图7-70所示，单击【确定】按钮完成更改；同样右击【irb660_180-315_r02_PNP_Op】并选择【操作属性】命令，在【属性】对话框【产品】选项卡的【产品实例】中选择"RP-02"，如图7-71所示。

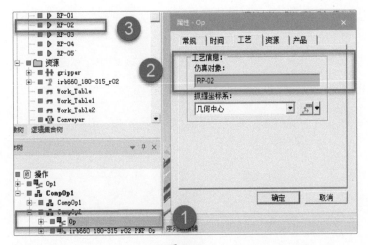

图 7-70

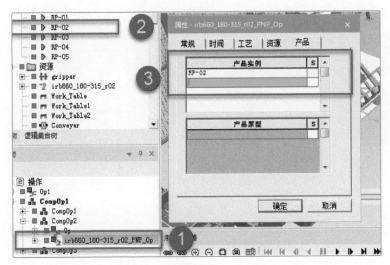

图 7-71

21 用同样的方法设置【CompOp3】~【CompOp5】，具体操作参照图7-70、图7-71。完成后单击【播放】按钮▶，进行整垛仿真，如图7-72所示。

22 从仿真中可以看到，在运行时，【RP-02】~【RP-05】始终显示，而我们需要设置为当在需要产品显示时才显示。右击【CompOp1】的进度条，在弹出的菜单中选择【显示事件】命令，如图7-73所示。在弹出的对话框中将【RP-01】选中，如图7-74所示；用同样的方法分别设置【CompOp2】~【CompOp5】，其对象分别为【RP-02】~【RP-05】。

图 7-72

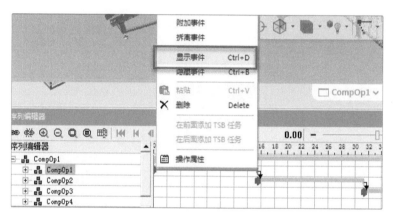

图 7-73

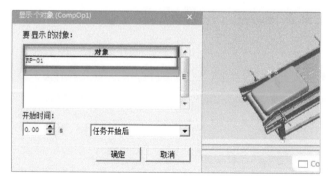

图 7-74

23 右击【CompOp1】的进度条，选择【隐藏事件】命令，如图7-75所示。将【RP-
01】~【RP-05】全部设置为隐藏事件，如图7-76所示。完成后单击【确定】按
钮退出设置。

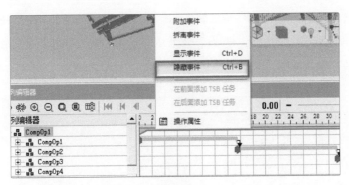

图 7-75

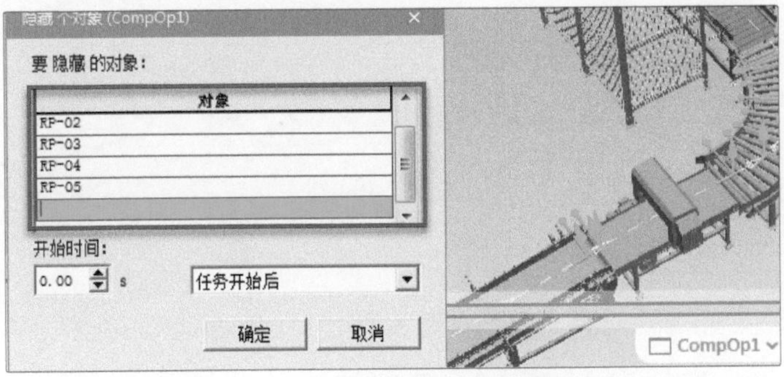

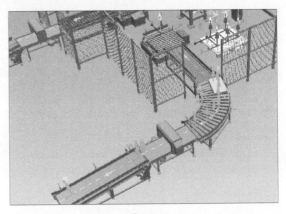

图 7-76

　　再次播放仿真，可以看到最
开始产品都处于隐藏状态，只有
到相应的产品时，产品才显示，如
图7-77所示。

图 7-77

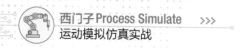
7.4 第二层码垛仿真

上一节讲解了第一层码垛仿真的生成,接下来生成第二层码垛的仿真。第二层码垛的产品与第一层的产品为"奇偶层",即第一层与第二层方向、位置是交叉的。

1 分别复制第二层所需要的产品,然后重命名为"RP-01-B""RP-02-B""RP-03-B""RP-04-B""RP-05-B",如图7-78所示;选中【CompOp1】后复制、粘贴,并重命名为"CompOp2",新建一个复合操作,将【CompOp1】和【CompOp2】拖入其中,如图7-79所示。

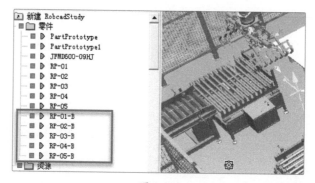

图 7-78

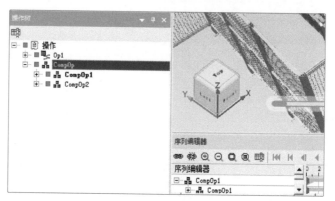

图 7-79

2 将第二层的仿真【CompOp2】的事件删除,按【Delete】键即可删除,如图7-80所示。修改【CompOp1】的事件,将第二层的产品【RP-01-B】~【RP-05-B】添加到事件中,如图7-81所示。

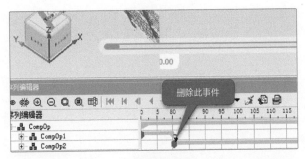

图 7-80

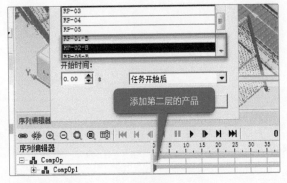

图 7-81

3 右击【CompOp2】下面的【CompOp1】的红点，在弹出的菜单中选择【编辑事件】命令，如图7-82所示。在弹出的对话框中，按【Delete】键删除原来的对象，并将【RP-01-B】添加到其中，如图7-83所示，完成后单击【确定】按钮。用同样的方法设置【CompOp2】~【CompOp5】，并将【RP-02-B】~【RP-05-B】添加到其中。

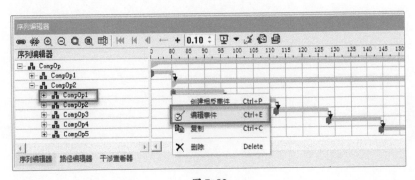

图 7-82

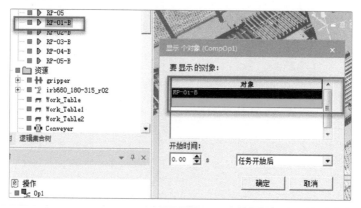

图 7-83

4 右击主界面空白处，在弹出的菜单
中选择【切换显示】命令，可以看
到所有模型均隐藏了。选择【按类
型显示】菜单命令，如图7-84所示，
然后按图7-85所示的步骤执行位置
显示。

图 7-84

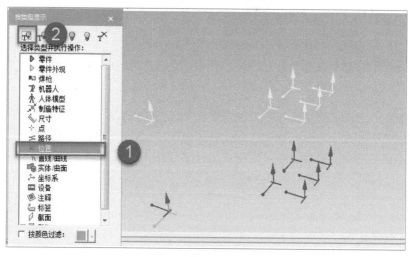

图 7-85

5 选中坐标，并选择【放置操控器】命令，在【平移】中单击【Z】按钮，并输入 "150"，即产品的厚度，如图7-86所示，单击【关闭】按钮关闭对话框。图7-87 为第一层与第二层的路径图。

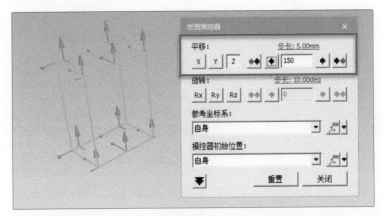

图 7-86

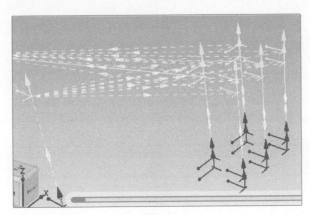

图 7-87

至此便完成了第二层的设置，但其与第一层的位置是一样的，故下一步将第二 层旋转180°，使第二层的产品与第一层的产品错叠。

6 设置抓握的对象，分别将【RP-01-B】~【RP-5-B】添加到抓握对象中，如图7-88 所示。

7 将【RP-01-B】添加到输送仿真【OP】的【仿真对象】中，如图7-89所示。

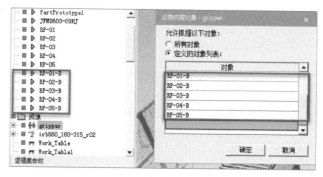

图 7-88

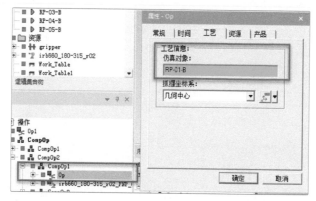

图 7-89

8 将【RP-01-B】添加到【irb660_180-315_r02_PNP_Op】的【仿真对象】中，如图 7-90 所示。用同样的方法将【RP-00-B】~【RP-05-B】分别添加到仿真中。

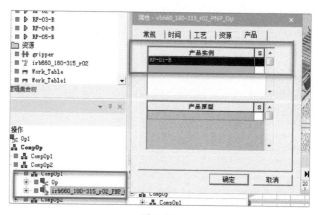

图 7-90

9　图7-91所示为播放的过程，可以看到机器人第一层是正确抓放的。图7-92所示
为抓放完的效果，可以看到第二层有错位。

图7-91

图7-92

10　第二层的位置需要更改一下，根据测量得知，偏心114.72mm，故将第二层的坐
标点移动114.72mm，图7-93所示为测量的数值。

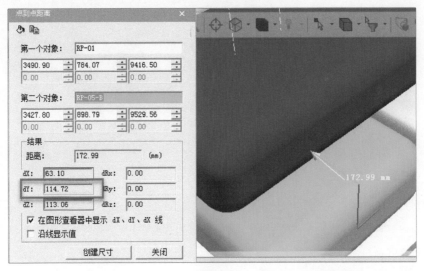

图7-93

11　选择【按类型显示】命令，并执行位置显示，选中第二层的坐标后选择【放置操
控器】命令，按图7-94所示，在【平移】下单击【Y】按钮并输入"-114.72"，
完成后单击【关闭】按钮。

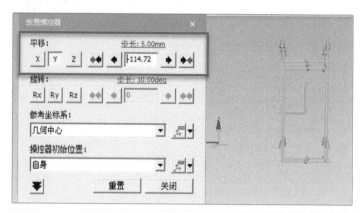

图 7-94

再次播放仿真，可以看到第二层的位置是符合要求的，如图 7-95 所示。至此工作站的仿真便完成了。

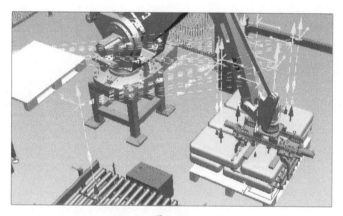

图 7-95

提示

后面的层可以依次按上述方法添加；每层均需要设置仿真对象。